力学实验

主　编　杨耀锋

参　编　王永生　郭雅云　陈诚诚

科学出版社

北　京

内 容 简 介

本书是根据工科院校（土木、机械、金属等专业）材料力学实验教学大纲编写而成的，是一本以介绍材料力学、工程力学、建筑力学实验为主的实验指导书，同时结合土建工程实际，介绍了部分常用的材料性能参数和结构内力测试方法。书中介绍的测试方法采用了最新的国家标准。本书共分 5 章，第 1 章为材料力学测试设备和仪器，第 2 章为材料力学性能实验，第 3 章为电测应力实验，第 4 章为光测应力实验，第 5 章为选做实验。

本书可作为工科院校相关专业学生材料力学、工程力学、建筑力学实验等课程的教学指导书，也可作为从事工程结构及材料力学性能测试领域技术人员的参考书。

图书在版编目(CIP)数据

力学实验 / 杨耀锋主编. —北京：科学出版社，2014.6
ISBN 978-7-03-040859-4

Ⅰ. ①力…　Ⅱ. ①杨…　Ⅲ. ①力学-实验-高等学校-教学参考资料
Ⅳ. ①O3-33

中国版本图书馆 CIP 数据核字（2014）第 117946 号

责任编辑：邓　静　张丽花 / 责任校对：彭立军
责任印制：徐晓晨 / 封面设计：迷底书装

科学出版社出版
北京东黄城根北街 16 号
邮政编码：100717
http://www.sciencep.com

北京虎彩文化传播有限公司 印刷

科学出版社发行　各地新华书店经销

*

2014 年 6 月第 一 版　开本：720×1000　B5
2019 年 1 月第三次印刷　印张：9 1/2
字数：191 000

定价：39.00 元

（如有印装质量问题，我社负责调换）

前　言

材料力学是研究结构构件承载能力和变形的一门基础学科。在工程结构或机械设备的各组成部分中，如建筑物的梁和柱、机床的传动轴等，统称为构件。构件一般由固体材料制成。在工程结构或机械设备工作时，如建筑物的梁和柱除受本身自重和其他物体自重作用外，还受到结构传递的风力、地震、人流、雨、雪等动荷载的作用。构件受到组合荷载作用时，要具有抵抗破坏的能力，但这种能力与构件的材料、几何尺寸有关，且是有限度的。如何达到既满足使用安全，又经济实惠、效果最优，就是这门学科研究的主要任务。在理论研究过程中，需要与实验紧密配合。材料力学的许多理论模型和公式是建立在将真实材料、实际结构理想化的基础上的，因此这些结论和公式是否正确，只有通过实验验证才能判定，而理论分析模型的建立也常常需借助实验来获得。在进行结构设计时，需要使用物体构件的强度、刚度和稳定性等力学性能参数，而这些参数只能由材料力学实验来测定。

在实际工程结构中，有些结构物体的几何形状、荷载和约束条件非常复杂，只有借助于实验应力分析的方法加以实验研究才能得到各杆件的实际受力情况。

随着科学的发展，测试技术的不断更新，先后出现了电阻应变（应力）测量法、光测应力法和无损检测法等，同时各种实用高精度传感器的应用、实验数据的自动采集及处理方法的不断更新和提高，使得力学实验的结果更加科学和准确，为工程结构的理论设计奠定了坚实的基础。

通过对这门课程的学习，要求学生掌握材料力学实验的基本原理和方法，这对于培养学生进行科学研究的能力、认真严肃的工作态度、分析问题和解决问题的能力都具有十分重要的意义。

全书由杨耀锋担任主编，杨耀锋编写第 1、2、5 章及 3.1 节、3.3 节、3.5 节、3.8～3.10 节，王永生编写第 4 章，郭雅云编写 3.2 节、3.4 节，陈诚诚编写 3.6 节、3.7 节、3.11 节，并负责校对和绘制了大部分和图表。

由于编者水平有限，书中难免有不妥之处，恳请读者批评指正。

编　者

2014 年 3 月

目　录

实验须知

（1）在实验前，应认真预习与本次实验有关的内容，明确实验目的、要求、原理及所使用机器的构造原理，写出实验预习报告，做好实验准备工作。进入实验室时应带上计算器、铅笔、钢笔（或圆珠笔、中性笔）、三角板和橡皮，以便在实验中使用。

（2）按时进入实验室，实验进行过程中不得谈论与实验无关的话题，不得擅自离开；爱护实验室设备和仪器；认真阅读实验室安全制度和仪器设备使用操作规程，确保实验过程中的人身安全。

（3）实验准备就绪后，请教师检查认可后方能进行实验。实验分组进行，在实验过程中应认真观察、记录实验数据；相互配合完成实验内容，注意从仪器上读取测试数据的单位要和实验报告中要求的计算单位相一致。

（4）实验结束后，所测得的实验数据、原始记录经指导教师检查签字认可后，将实验装置恢复原状，布置整齐，打扫室内卫生后方可离开。

（5）力学实验报告应认真独立完成，要坚持实事求是的科学态度，如实记录实验数据，不得抄袭，按教师规定的时间由班学委统一收齐，并附一份实验人员成绩空表交到力学实验中心办公室，实验成绩在该门理论课中占一定的比例。

（6）力学实验室在规定时间开放，同学们根据自己的实际情况可选做规定的实验项目，或自选力学实验项目到实验室进行预约登记，实验室根据具体情况给以合理安排。

大学力学实验报告书写规范

实验报告是实验者交出的实验成果，是对本次实验的总结。为了使学生养成认真、严谨、求实的工作作风，特制订本规范，希望学生严格按本规范要求撰写实验报告。实验报告包含下列内容：

（1）实验名称、实验日期、实验者及同组人员的姓名。

（2）实验目的：实验装置应画出简图，使用机器和仪表的名称、型号、精度、量程等。

（3）实验原理：简要说明本实验所依据的原理、公式、方法及其他主要仪器描述。

（4）实验步骤：按实验过程的先后顺序写出主要步骤，对于加载方案要有计算过程。

（5）试件尺寸：在表格中填写实验前后所测得的实际数值。

（6）实验结果及分析：在实验中将记录的原始数据利用有关力学公式进行加工分析处理。必须用圆珠笔、中性笔或钢笔书写整齐，数据必须使用国标单位，要注意仪器的精度和有效数字。一般情况下，仪器的最小刻度代表仪器的精度，在多次测量同一物理量时，可取测量结果的算术平均值作为该物理量的具体值。在实验中，一般可保留小数点后两位有效数字。在计算中所用到的公式必须明确列出，并理解公式各符号所代表的意义。

（7）误差分析：实验报告的最后部分应对实验结果进行分析、总结，并简要回答思考题。

第 1 章　材料力学测试设备和仪器

1.1　电子万能试验机

材料试验机是对试件或模型施加荷载的专用设备。试验机按施加荷载的性质可分为静载试验机和动载试验机。按施加荷载的形式又可分为拉力、压力、扭转等试验机。如果一台试验机可以兼做拉力、压力、弯曲等多种实验，则称为万能材料试验机。如果试验机具有闭环控制系统和实验数据的自动采集、分析处理、显示及输出功能则称为电子万能试验机。

1.1.1　主机构造原理

电子万能试验机主机主要由负荷机架、传动系统、夹持系统与位置保护装置组成。负荷机架由四立柱支承上横梁与工作台板构成门式框架，两丝杠穿过动横梁两端并安装在上横梁与工作台板之间。工作台板由两个支脚支承在底板上，且机械传动减速器也固定在工作台板上。工作时，伺服电动机驱动机械传动减速器，进而带动丝杠转动，驱使中间动横梁上下移动。实验过程中，力在门式负荷框架内得到平衡。电子万能试验机（图 1-1）的传动丝杠是采用带有消隙结构的滚珠丝杠，负荷传感器安装在动横梁上，万向联轴器及一只拉伸夹具安装在负荷传感器上，另一只夹具安装在上横梁上。当做压缩或弯曲等实验时在下空间进行，当做拉伸实验在上空间进行。安装好试件后，通过主控计算机启动横梁驱动系统及测量系统即可完成全部实验。

图 1-1　电子万能试验机

1.1.2　长春试验机研究院电子万能试验机操作方法

（1）启动计算机，接通放大器电源，双击计算机桌面上“TextExpert（NENET）”图标，单击“登录”按钮进入试验机启动联机界面。默认密码为空，进入“试验操作”界面后单击“联机”按钮进行联机。联机成功“启动”按钮变成绿色，如图 1-2 所示。

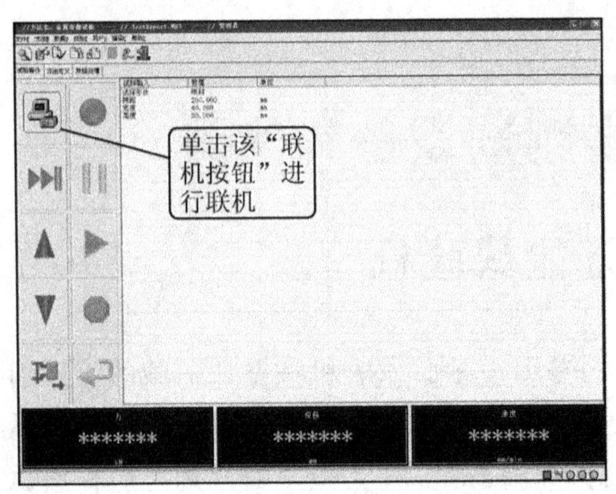

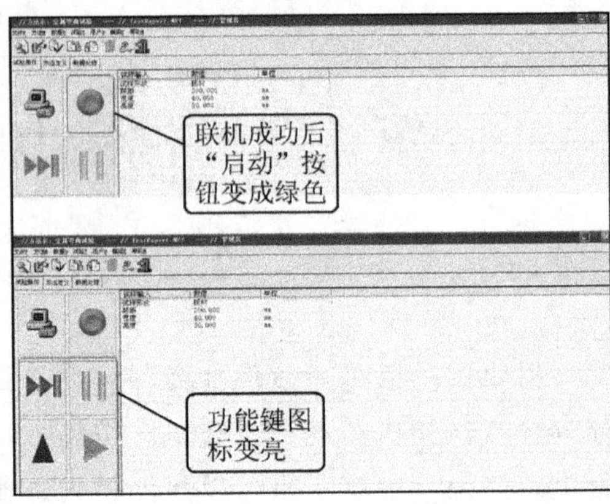

图 1-2　试验机启动联机界面

（2）单击“启动”按钮后，功能键图标变亮，这时就可以用手控盒控制横梁进行上、下移动，调节下横梁到合适位置，安装好试件。如果是压缩实验，将横梁和试件的缝隙调到 1mm 左右即可。

（3）实验方法设置：单击“方法”按钮，弹出下拉菜单。其中包含有机器出厂时已经设置好的一些实验方法，单击其选项可以快速选取对应的实验方法，如拉伸实验或压缩实验等。

（4）单击“方法定义”按钮进入“方法定义”主界面。它包含 3 个子菜单，分别是“基本设置”、“设备及通道”、“控制与采集”。这里只对直径进行修改，通过直径右边的编辑，输入该实验试件最小直径后确认。

（5）单击“试验操作”按钮回到试验机启动联机界面，对下面的力、位移、变形数字清零，清零方法是将指针移到力数字上右击，然后左键清零，其他清零相同。

（6）单击绿色三角符号按钮即开始实验，观察实验过程及曲线，如果是拉伸测弹性模量 E 实验，实验前应将电子引伸计安装在拉伸试件的工作段，之后拔下限位销，如果屏幕下方变形数字有变动表示电子引伸计已连接好。电子引伸计的标距是 50mm，试件直径一般是 10mm 左右，屏幕上应显示力-变形曲线，力从 2kN 到 16kN 每增加 2kN 力时读一次电子引伸计的变形数，两者读数要同步。读完最后一次数后，检查变形读数增量是否基本相等，如果基本相等即验证了力和变形呈线性关系，否则单击红色“停止实验”按钮。单击活动横梁上升按钮，以缓慢速度将力卸载到 0N，按上述步骤重新进行拉伸测弹性模量 E 实验。当力值上升到 16kN 时，单击“引伸计”图标，变形通道采集将停止工作，从试件上取下电子引伸计继续实验，将试件拉断后单击“停止实验”按钮，取下试件，读取实验屈服力和破坏力值数据。如果是铸铁压缩实验，到达最大力后听到破坏声音或荷载下降到 80%即可单击“停止实验”按钮，取下试件，读取实验数据并进行实验结果分析。

（7）实验结果打印设置：

① 单击“数据处理”按钮进入数据处理界面，该界面显示保存在本机的所有实验数据，可以随时调阅查看和打印实验曲线。界面右侧是查询功能区，如果实验数据很多，可以使用查询功能来快速查找需要的实验数据，如图1-3所示。选择想要打印的实验数据，双击实验数据，这时显示实验曲线。

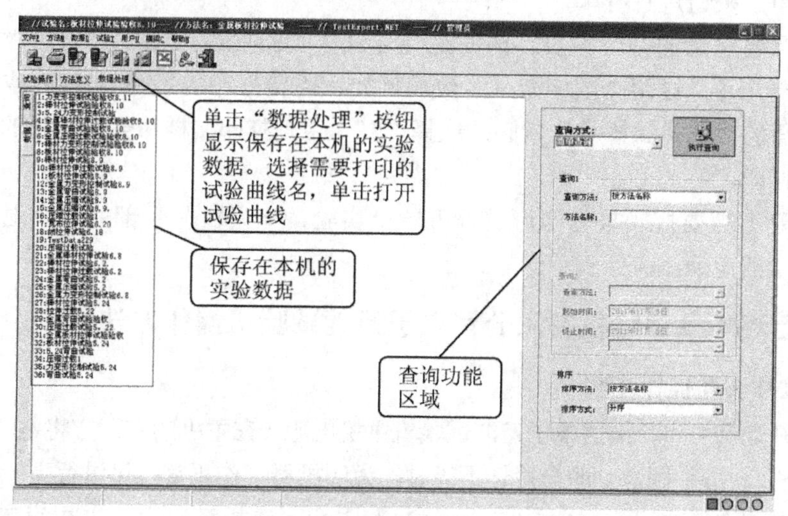

图1-3 查询实验数据及处理界面

② 再单击“方法定义”按钮进入方法定义界面，选择“编辑打印文档”和“设置报告标题”这两个菜单命令进行文档和标题的编辑。

编辑打印文档：单击“方法定义”按钮进入基本设置界面，选择“编辑打印文档”命令，弹出“设置打印文档”对话框，在这里可以设置需打印文档的“文档标题”与“文档内容”。

添加用户自定义文档：在“设置打印文档”对话框中单击“添加用户自定义文档”按钮会弹出“输入用户自定义文档”对话框，输入相应的文档标题即可，如实验员、实验材料、实验日期等，自定义文档完成后显示在“可选文档标题”栏，双击该文档可以快速选取。选取的文档标题显示在“已选文档标题”栏。

输入文档内容：在“设置打印文档”对话框中单击“输入文档内容”按钮会弹出文档内容输入栏，在这里可以输入“已选文档标题”的内容，如实验员为“小王”，实验材料为“低碳钢”，实验日期为“2013年10月5日”等。

设置报告标题：单击“方法定义”按钮进入基本设置界面，单击“设置报告标题”按钮会弹出“输入标题内容”对话框。在这里可以自定义报告标题文档内容。

完成以上操作后单击“保存方法”按钮，这时所设置的打印文档方法将被保存，方便下次继续使用该格式打印。

③ 再次单击“数据处理”按钮，进入数据处理界面，在界面中单击“打印”按钮。

进入打印界面后单击“打印预览”按钮可进行打印预览，目的是查看即将打印的报告文档是否输入正确。如发现输入有误则按照以上步骤重新修改，确认无误后单击“打印”按钮进行打印。

这里需要注意的是，需要打印的是几号试样实验曲线，在右上角的“选择试样号”就选择几号，这两个数字必须一致。例如，需要打印的是 5 号试样实验曲线，那么右上角的“选择试样号”就必须选择“5”，否则打印文档将会按默认的 1 号试样实验曲线打印。

（8）若不需要打印报告即可进行下一个实验，如果实验全部完成，退出实验程序，关掉仪器电源。

1.1.3 上海华龙试验机有限公司电子万能试验机操作方法

1. 拉伸实验操作步骤

（1）开启计算机，接通电子万能试验机主机电源（在主机的右下方将电源开关顺时针旋转 90°），待手控盒上的自检灯不闪时，说明机器工作正常，可进行下一步操作。

（2）在计算机桌面上单击“Textworld”图标，选择弹出窗口中相应实验选项进行“加载”；然后单击界面右侧的“启动”按钮，听到咔嚓联机声后可用手动调控盒或在界面设定横梁的移动速度，将横梁移动到合适位置停止，以便安装实验试件。

（3）将拉伸试件夹持部位插入下夹头并加紧，打开上夹头到最大位置，缓慢向下移动横梁，使试件上夹持部位进入夹头 3/4，或到合适位置停止下降并夹紧试件，将“负荷”清零，如测弹性模量 E 时，将电子引伸计用皮筋绑夹在试件工作部位上，之后拔下限位销。该机的拉伸空间在下方，压缩空间在上方。

（4）单击桌面上的“试样”按钮，在“形状”、“批次选项”文本框中输入相应的试件数量、直径后，按 Enter 键确认。

（5）单击“图形”，Y 轴选 kN，X 轴选变形或位移。

（6）在屏幕右下方“文件存储名”文本框输入相应文件名后按 Enter 键。

（7）单击“控制”按钮设置实验控制方式，如图 1-4 所示，“控制指令类型”栏一般实验设两个及以上，前一个控制指令一般设为“定位移动控制”，5mm/min 的速度及以下，“目标值”栏根据情况而定，可以是弹性段最大力值（如 20kN），也可以是应变（如 1%），设置“到达目标后”栏为“继续实验”，最后一个控制必须设置为“定向移动控制”，“到达目标后”栏空，而“破坏结束”栏为“判断破坏”。

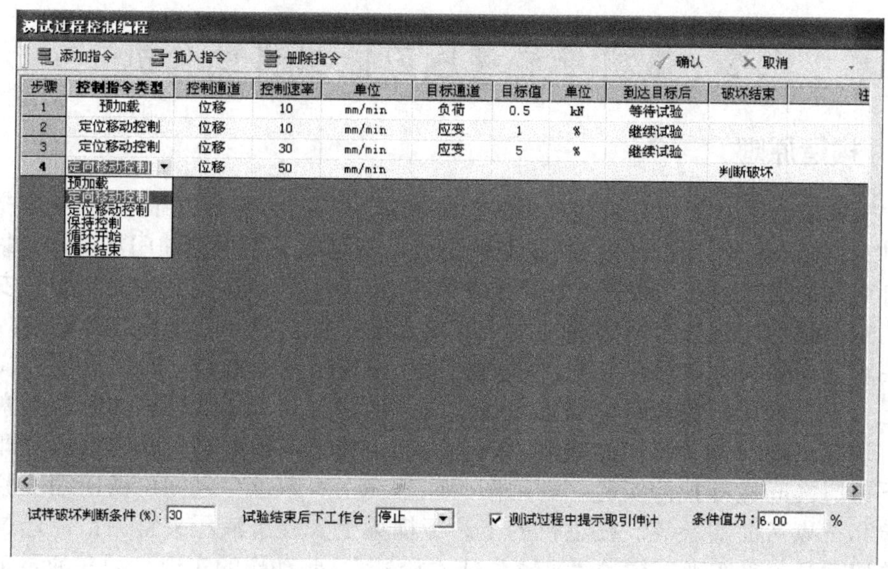

图 1-4　“测试过程控制编程”窗口

（8）单击“测试”按钮（测弹性模量 E 时，先将“变形 1”清零），开始实验，当力达到 20kN 时，按 F3 键来取引伸计。中途要停机可单击上方的“终止”按钮，实验结束。

（9）单击“分析”按钮即可看到实验结果，也可手工进行其他特征值分析。

2．压缩实验操作步骤

（1）在计算机桌面上单击“Textworld”图标，选择弹出窗口中相应的压缩实验选项进行“加载”，然后单击“启动”按钮。

（2）将压缩试件放置于实验台两个保护垫块中间，将“负荷”清零。

（3）单击“试台移动”按钮，在子菜单中选择相应选项或手动调节控制器调整实验台位置，保证试件上保护垫块与试台接触面留有 1mm 的距离。

（4）单击“试样”按钮，在“批次选项”中输入相对应的试件数量后按 Enter 键，输入对应试件相关直径参数后确认。

（5）在“文件存储名”文本框中输入相应文件名后按 Enter 键。

（6）单击“测试”按钮，开始实验。试验机按照给定的程序进行直到试件破坏时停止。

（7）单击“分析”按钮即可看到实验结果，也可手工进行其他特征值分析。

注意：做压缩实验时一定要装上防护罩，以免试件受力破坏时飞出伤人。听到破坏声时应立即停止。

1.2 微机屏显液压万能材料试验机

1.2.1 构造原理

微机屏显液压万能材料试验机由主机加载部分（图 1-5 右边部分）、油源控制部分（图 1-5 中间部分）和计算机测量系统组成。试验机采用手动油门加（卸）载，计算机自动采集数据和处理数据，系统组成如图 1-5 所示。在试验机主机底座上安装有工作油缸，活动平台与上横梁通过两个固定光圆立柱组成一个刚体加力框架，在试验机底座上安装有滚珠活动丝杠，电动机带动滚珠活动丝杠转动时，可使下横梁产生向上（下）位移，空载时可调整实验空间，当油泵向工作油缸进油时，活塞向上运动，顶起活动平台（及加力框架）向上运动，使上下横梁之间距离增大，即可在上、下钳口之间进行拉伸实验。利用同一原理在上、下承台之间可做压缩实验、剪切实验和三点弯曲实验等。在主机的上、下横梁上安装有液压夹紧钳口，通过控制盒上的按键开关来实现试样的“夹紧”或“松开”，此动作的实现必须在油泵工作的前提下进行。油压力传感器安装在回油阀体上，若用复合传感器则装在活塞顶上，用来实现对实验力值的测量。光电编码器装在主机机座上，用来测量活动平台位移。变形传感器是用来精确测量试件标距内伸长的装置(在拉伸弹性阶段内测弹性模量 E 用)。用皮筋或弹簧夹将变形传感器固定在拉伸试件的工作段上，3 个传感器分别将力、位移和试件变形转换成电信号，经放大器放大和 A/D 转换后在微机屏幕上有 3 个窗口显示出负荷、位移和变形的值，可选择显示为各种实时曲线。实验结束后可对实验数据进行分析和计算，并对实验结果进行保存和输出等。

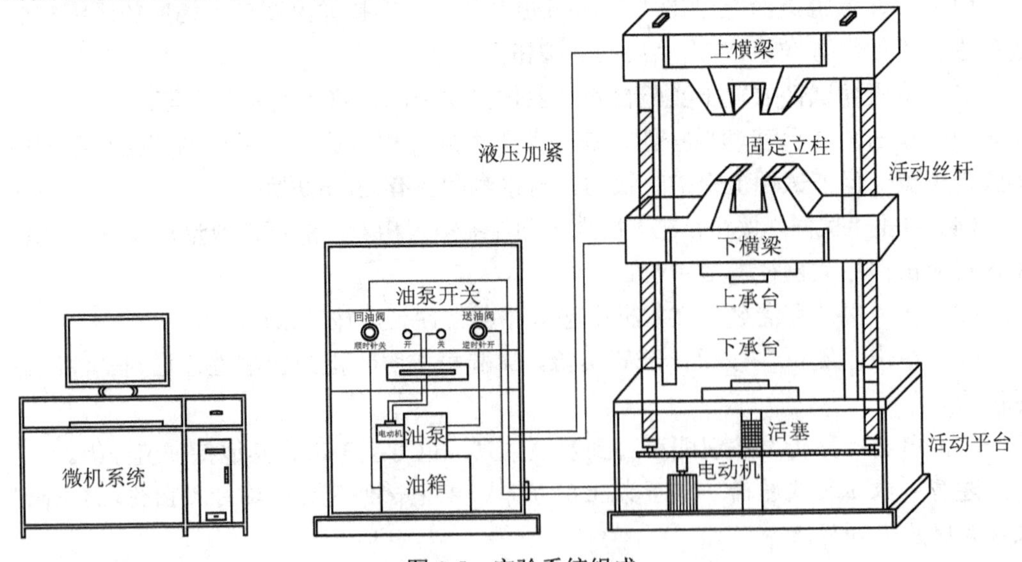

图 1-5 实验系统组成

1.2.2　红山试验机有限公司 WEW 型机器操作方法

（1）测量试件尺寸。

（2）接通计算机电源，单击“Max Test 主程序”图标，即进入实验程序界面，如图 1-6 所示。

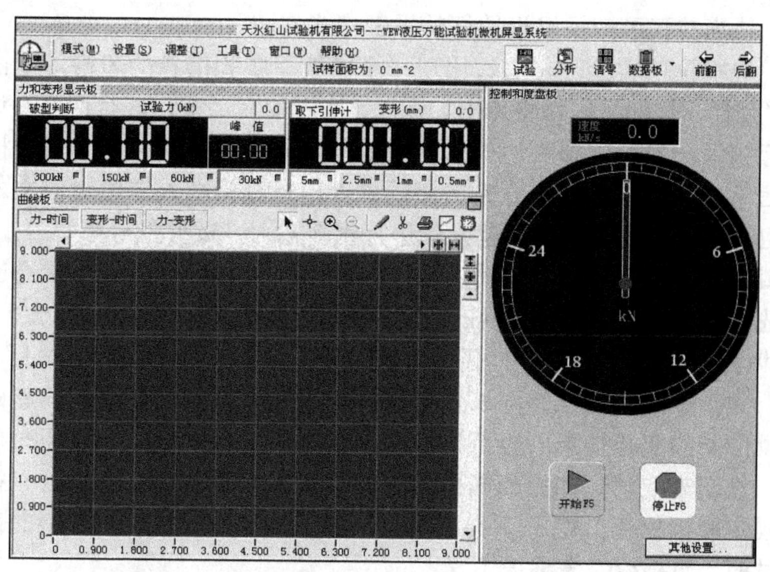

图 1-6　实验程序界面

（3）关闭送、回油阀手轮，启动试验机主机油泵，缓慢打开送油阀使活动平台上升 5mm 左右时关闭送油阀，通过手控盒使下横梁移动调整好拉伸（或压缩）空间，安装好试件。

（4）计算机界面操作：单击“数据板”右边实验标准按钮“▼”，屏幕将出现“金属材料室温拉伸实验（GB/T 228.1—2010）”、“金属材料室温压缩试验方法（GB/T 7314—2005）”、“金属材料弯曲实验（GB/T 232—2010）”、“钢筋拉伸实验（建工版）”等信息，根据自己所做的实验内容选择相应选项后，屏幕右侧将出现数据板工具栏，如图 1-7 所示。

图 1-7　数据板工具栏

图 1-7 中从左到右符号的功能如下。

新建：调出新建试样信息窗口，这是实验开始的第一步。

打开：调出历史数据。

保存为数据库格式：以数据库格式保存测试曲线或者保存用户对数据的任何改动。

保存为文件格式：以文本文件格式保存测试曲线或者保存用户对数据的任何改动。

删除当前记录：删除当前这条数据，删除的数据都无法恢复，需慎重操作。

删除全部打开的数据：将数据板上显示的所有数据全部删除，删除的数据都无法恢复，需慎重操作。

打印：将当前记录数据以设置好的报表格式打印。

例如，选择拉伸实验时，右边出现一个需填写实验信息的表格，单击数据板工具栏上的“新建”按钮，屏幕将弹出如图 1-8 所示的对话框，该对话框左边可根据实验内容逐行填写；也可选择右边“试件模板”栏已做过并保存到“试件模板栏”的相同试件信息，计算机自动将原来的相同试件信息直接填入左边对应文本框内，个别信息行也可进行修改。现以新建为例进行重新输入，试件批号填写“拉伸实验”；试件编号填写“1-1”；实验日期自动生成；实验人填写学生名；试件形状通过单击“▼”按钮进行选择，如圆材；尺寸（mm）根据实际测量结果填写；S_0（mm^2）自动生成；L_0（mm）填写测变形时所使用的引伸计的标距，为 50。数据填写完成后，单击“新建”按钮，如果做两个以上相同试件实验，可连续单击相同数据的“新建”按钮，将出现成批的新建实验信息；也可进行个别修改后单击“确定”按钮来确认，或单击“取消”按钮来取消。如果相同内容实验较多，可单击“保存模板”按钮，将该信息作为固定模板保存，便于下次使用。单击“确定”按钮后，实验的信息就已输入到开始时的“数据板”表格内了。

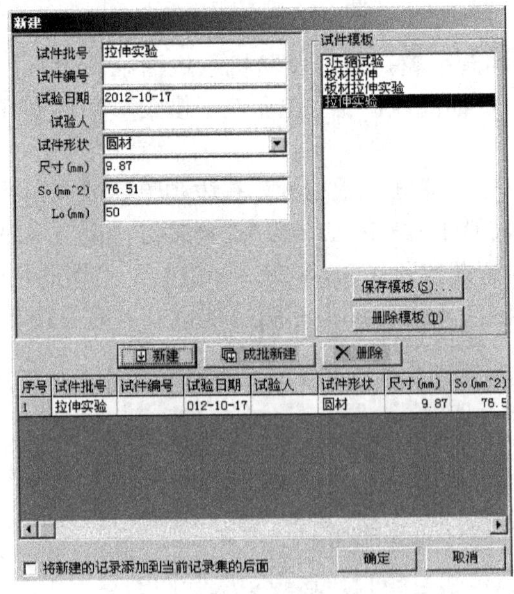

图 1-8　实验信息表

（5）单击“模式”按钮，进入“实验操作”界面，实验力选择 30kN 挡，变形（采用变形传感器时）选择 0.5mm 挡。开始时力和变形均选最小量程以保证测量精度，实验过程中，计算机会根据实验情况自动改变量程。对力、位移和变形初始清零（单击“清零”按钮）；实验开始前，“破型判断”按钮应处于黄底色，以保证拉伸试件断裂后计算机会停止采样；曲线选择“力-变形”。也可以直接从实验模板中选择已设置好的固定模板，只需改变试件直径就可以直接进行实验了。

（6）如要测试低碳钢的拉伸弹性模量 E，则在实验开始前在试件工作段上安装好变形传感器，但不要忘记拔出限位插销，将“取引伸计”按钮开关接通（即抬起），在实验力加到 16kN 时，关闭此开关（单击），从试件上取下变形引伸计，此时位移传感器取代变形传感器工作继续绘制力-位移曲线。

（7）单击“开始”按钮，缓慢打开送油阀给试件加力，加载速度查看显示屏幕模拟示力指针或速度表，一般保持速度在 0.3kN/s 左右。

（8）当实验结束（或试件破坏）后，如果计算机不停止采样工作，可单击“停止”按钮。如果压缩实验时示力指针未回到零，缓慢打开回油阀，使力值降到零，取下试件，关闭油泵开关。单击“分析”按钮，对实验结果进行自动分析，采用自动分析时，在曲线上计算机会自动标出力学性能指标的标识符号，分析的力学性能指标可在屏幕左上方的“分析板”中进行选择，在每行的左边，勾选表明该参数在计算时已被选取，如果不选该项则单击取消勾选即可。在做拉伸实验采用自动分析时，计算机判定最大力值很准确，而其他参数（如屈服力）一般需要手工进行选取和标识。手工进行分析时，主要是在曲线上选好特征值点，选点时，可单击曲线板上的选择标注点按钮，对曲线上已标注的点及符号进行移动和撤销；可单击“曲线定位”（╋）按钮，对曲线上的特征值进行重新定位后，再单击“选择标注点”按钮，对曲线上已定位的特征值点进行重新标注。具体操作方法如下：指针移到定位点后右击，屏幕上出现有关的特征值符号，进行选择后单击即可进行标注。标注点确定后，计算结果就已确定，再单击“数据板”内的打印机图案，即可对实验报告进行编辑。单击“新建”按钮，屏幕上将出现一个“新建报表模板”，可对该表格左边的内容进行选择后，单击“添加”按钮，则将已选择的选项填入实验报告内。在表格中间的“标题栏”如果需要可以填写实验人单位名称。单击“打印曲线”按钮后，实验曲线将编排在实验报告下方，单击“预览”按钮，屏幕上出现实验报告和曲线，单击“打印”按钮，即可打印出实验报告。也可采用另一种简单的报告编辑方式，从“报表打印模板”中单击相同实验内容已建好的“打印模板”格式，直接单击“打印预览”按钮即可完成实验报告的编辑工作。实验完成后，关机，将实验仪器复原。

1.2.3　济南试验机有限公司 WEW 型机器操作方法

（1）测量试件尺寸。

（2）计算机启动后，双击“W”图标，进入液压万能试验机通用测控系统 V1.0 的主界面。

（3）关闭送、回油阀手轮，启动试验机主机油泵，缓慢打开送油阀，当活动平台上升 5mm 左右时关闭送油阀，调整好拉伸（或压缩）空间，准备安装试件。

（4）试件参数设置：

① 在主界面上单击“试样”按钮进入试样界面，根据表格内容进行试样参数设置。

② 根据试样截面形状选择对应形状。

③ 根据所做实验试样数量输入试件数量。

④ 单击“存储”按钮进入保存界面，在文件名文本框中输入试样名，单击“保存”按钮进行保存。

⑤ 试样设置完后，单击“完成并返回”按钮进入主界面。

（5）试样安装：

① 检查控制柜上的“送油阀”和“回油阀”开关是否处于关闭状态，启动电源和油泵。

② 将控制柜上的“操作模式”开关置于“夹紧”位置，将拉伸试样先放在上夹头的位置，转动控制盒上夹头开关到“→‖←”，根据试样的尺寸按下控制盒上的横梁升、降开关，使横梁向上或下移动到合适位置，然后再将下夹头开关转到“→‖←”以夹紧试件，将控制柜上的“操作模式”开关置于“工作”位置。

③ 如进行变形测量，在试件的工作段装上变形传感器，拔掉定位销。

④ 在做压缩实验时，压缩试件上、下两端通过圆形垫块与试验机加力压板相接触来实现加压力，将压缩试件放在活动平台中心位置的垫块上，调节活动横梁向下移动，在其间隙有 1cm 时减速，通过点动开关使横梁慢速下降，间隙为 1mm 左右时停止，缓慢打开送油阀门，在试件上的垫块和上压板刚好接触时关闭送油阀门待用。

（6）实验参数设置：

① 如有变形测量，在主界面上中位置变形栏标识窗口勾选。

② 在实验曲线下方单击“▼”按钮选择曲线类型，根据需要进行选择，在有变形测量时，选择“变形-实验力曲线”，一般实验选择“位移-实验力曲线”。

③ 单击“坐标”按钮进入曲线坐标设置界面，根据需要选择实验力、位移、变形、应力、应变和时间的最小值和最大值。

④ 对实验力，峰值、位移、时间进行清零，单击按钮。

（7）单击“实验开始”按钮，即可开始实验。

（8）打开控制柜上的送油阀开关，开始缓慢给试件进行加载，同时主界面上的“实验力”、“变形”、“位移”显示窗口开始出现相应的数值，实验曲线也开始绘制；如有变形测量，当变形达到变形传感器量程的 60%时（或拉力为 16kN 时），可单击主界面中的“摘除”按钮，同时将控制柜上的送油阀调小，快速摘除变形传感器，将实验曲线转换为“位移-实验力曲线”继续实验。

（9）当实验目的达到后，可在中途关闭送油阀，也可到试件破坏时关闭送油阀，并及时单击主界面中的“实验结束”按钮，按操作规程取下试件。

（10）实验数据处理及分析：

① 实验结束后，主界面上的实验曲线变成黄色，同时下方显示出有关测试数值和计算结果。

② 根据需要可单击“标记”按钮，这时在曲线相关位置上出现标记符号，再单击“标记值”按钮，在曲线标记符号上方出现对应的数值。

③ 根据需要可按主界面上的菜单编辑打印实验报告，可通过单击“打开”按钮选择以前做的实验项目进行打印等。

本实验完成后可单击“下一件”按钮进入下一个实验或退出主界面将试验机复原。

1.3　微机数控扭转试验机

1.3.1　构造原理

微机数控扭转试验机的构造原理如图 1-9 所示，调速电动机的转动通过减速箱减速后带动可动夹头转动。试件安装在可动夹头和固定夹头之间，在固定夹头上安装有扭矩传感器，扭转角通过高线数光电编码器转换成电信号，两者通过放大器放大和 A/D 转换后送给计算机，如测剪切弹性模量 G 时在试件上套入扭角计即可测量标距范围内的微小扭转角。扭转角传感器和扭角计两者不能同时使用，可通过主机（数显屏背面）后面的转换开关分别接通，当开关接通时，扭角计接通；当开关关断时，扭转角传感器接通。计算机可对扭矩和扭转角进行实时采样和绘制变形曲线，当实验结束后，可对实验数据进行分析和结果打印，也可通过手动进行分析。

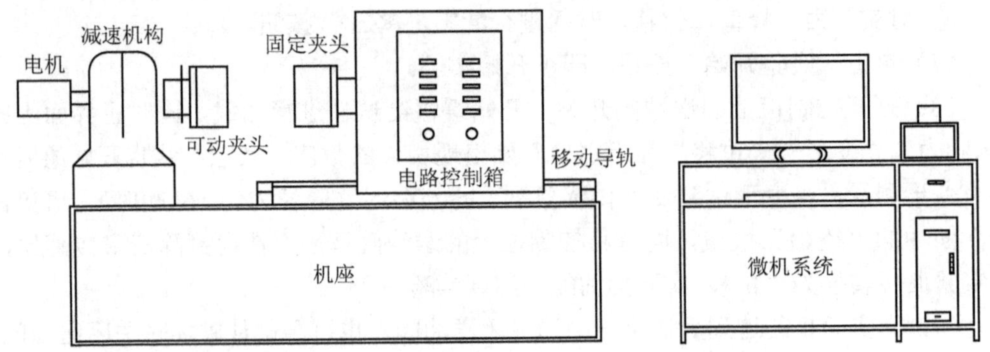

图 1-9 微机数控扭转试验机的构造原理

1.3.2 瑞特 TCN-CN 型扭转机操作方法

（1）检查试验机主机、计算机、打印机各部分的连线，确认正确后，接通扭转机电源和计算机电源，进入 Windows 系统。

（2）联机：按扭转试验机操作面板上的“输入”键，“功能参数”屏上出现“A”、“b”或“d”中任一个字母，此时按“选点”键，可连续点按该键出现“A”即可。再按“9”（状态）键，“功能参数”屏出现“CONN：00”，按“0”和“1”键，此时“功能参数”屏出现“CONN：01”，再按“退出”键，此时扭转试验机已给计算机发出联机信号。

（3）按“输入”键，“功能参数”屏出现“A”即可（否则按“选点”键同上），再按“6”键，按数字键输入 6 个“0”，接着按“退出”键，此时可使“转角”清零，也可以通过计算机直接清零。

（4）调整“力调零”旋钮使扭矩值显示为 0。

（5）双击计算机桌面上上快捷扭转实验程序“Presspro”的图标“TCN—1000”，屏幕出现“与低层传输联接吗？”信息，单击“确定”按钮，屏幕显示找到通信口为 COM1（否则重新联机）时表示联机成功。单击“确定”按钮后，屏幕出现扭转试验机控制界面。

（6）单击“设置”按钮，此时出现一个实验参数设置表，单击上行扭转参数名右边的“▼”按钮，选择原先设置好的文件名，单击该文件名后，该文件的设置参数即可填入表格内，但只能对有关参数在规定的范围内修改。试样形状可通过单击右边按钮进行选择，输入试件直径，力传感器文本框中输入 1000N·m，强度极限文本框中输入 300，变形传感器文本框中不测 G 时，选择“角度”，测 G 时选择所使用的扭角计型号即可。标距文本框中根据试件而定，延伸率极限可填扭断后最大扭角值，停机条件选择“断裂”，1 段速度选择 10°，速度分段点选择 20°，2 段速度选择 700°，设置完参数后单击“确定”按钮。

注意：此表必须设置所有参数，否则无效，如设置有效，则单击“确定”按钮后左上角状态由“未设参数”变为“未测数据”。

（7）单击“开始”按钮后则按预先设定速度进行实验，直到试件断裂后自动返回到 0° 停机或单击“停止”按钮。

（8）单击“分析”按钮，右边出现测试数据表，下边出现“重现”、“遍历”、“叠加”、“计算”按钮，单击“遍历”按钮，在曲线上出现一个十字坐标，通过单击数据滑动块可使坐标点移动到曲线相应的位置，单击左下角弹性段右边的“▼”键，可找到屈服点、破坏点等特征值，单击该数据框后，即可将所选特征值逐项填入。

（9）单击“取消”按钮，右下角出现 4 个功能键，单击“计算”按钮，出现一个计算表格，选择要计算的数据后，单击“计算”按钮则可得到实验结果，然后单击“返回”按钮。

（10）单击“数据打印”按钮，再单击“实验报告设置”按钮，设置报告内容；也可单击“打印输出”按钮，则按已设置好的报告形式直接打印实验结果，打印数据种类选择“实验报告”，单击“确定”按钮即可完成报告打印。

（11）实验结束，可单击“角度”窗口下的 2，进行第二个实验，也可再单击“设置”按钮，进行铸铁实验，方法同上。

（12）实验全部结束后，单击“退出”按钮，此时退出扭转实验控制程序，关机复原。

1.3.3　长春试验机研究院 NWS 型扭转试验机操作方法

（1）启动计算机，接通扭转试验机主机电源，双击计算机桌面上的“TextExpert（NENET）”图标，单击“登录”按钮进入实验界面。默认密码为空，进入“试验操作”界面后单击“联机”按钮进行联机。联机成功“启动”按钮变成绿色。

（2）单击“启动”按钮后，功能键图标变亮，这时可以用手控盒控制电动机进行可动夹头正、反转，调节夹头到合适位置，安装好试件，用粉笔在试件工作段画一条平行于试件轴线的直线，以观察试件的扭转角变形情况。

（3）实验方法设置：单击“方法”按钮，弹出下拉菜单，其中包含机器出厂时已经设置好的一些实验方法，单击可以快速选取对应的实验方法，如低碳钢扭转实验或铸铁扭转实验等。

（4）单击“方法定义”按钮进入“方法定义”主界面，它包含 3 个子菜单，分别是“基本设置”、“设备及通道”、“控制与采集”，只对“基本设置”中的直径进行修改，通过对直径右侧项目的编辑，将输入该试件最小直径确认。

（5）单击“实验操作”按钮回到实验界面，对下面的扭矩、转角数字清零，清零方法是将指针移到扭矩、扭转角数字上右击，然后利用左键清零。

（6）单击三角符号绿色键即开始实验，观察实验过程及曲线，待试件扭断后单击“停止实验”按钮，取下试件，读取实验数据。

（7）进行下一个实验，如果实验全部完成，退出实验程序，关掉放大器电源和计算机电源。

注意：该操作方法和参数输入方式和电子万能试验机基本相同。

1.4 机械式扭转试验机

1.4.1 构造原理

如图 1-10 所示为机械式扭转试验机，此机器可以手动或电动加扭矩，左边部分为施加扭矩机构，右边部分为平衡扭矩及测量扭矩机构，转动摇柄 2 使左夹头 6 转动，给试件施加扭矩。通过试件传递使右夹头 7 转动，和右夹头刚性连接在一起的摆杆 3 向后摆起，摆锤偏离原来位置，以产生反向扭矩与左侧施加的扭矩相平衡。与摆杆刚性连接的推杆推动水平齿杆向前移动，齿杆则带动与示力指针相连接的齿轮转动，指示出扭矩的数值。此种试验机有 4 种量程：0～300 N·m、0～500 N·m、0～1000 N·m、0～3000 N·m，它是靠调整摆锤 5 的重心位置到转动轴线距离的大小来改变量程的。此机器具有自动绘图装置，可自动绘出 T-φ 变形曲线。摆杆 3 通过粗绳挂有缓冲锤 8。当试件被扭断后，它起缓冲作用，使摆锤缓慢返回原位，以防摆锤摆到机前伤人。

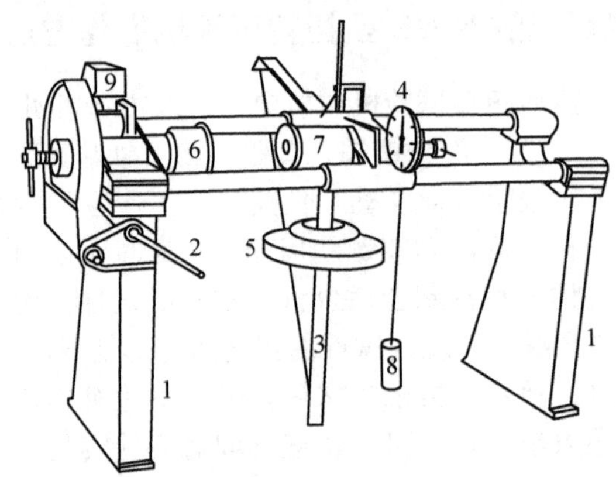

图 1-10 机械式扭转试验机

1-机座；2-摇柄；3-摆杆；4-扭矩示值指针；5-摆锤；6-左夹头；7-右夹头；8-缓冲锤；9-电动机

1.4.2 操作步骤

（1）检查试验机钳口的形状尺寸与试件夹持部位是否配套。

（2）根据实验所需的最大扭矩安装示力度盘。将摆锤旋至相应的高度并固定好。

（3）安装试件：将试件一端装入右夹头内并夹紧，提起缓冲锤使摆杆铅直，推动右端活动部分向左滑动，使试件左端伸入左夹头内夹紧。

（4）调整示力指针指零。如需绘制 T-φ 曲线，则调整好自动绘图装置；如果测量剪切弹性模量 G，则安装好百分表式测角仪。

（5）加载：在弹性范围以内用慢速挡手摇加载，试件屈服后改用快速挡手摇加载。也可以用电动机加载，但必须将手柄取下，以免伤人。

1.5　NJ-100B 型扭转试验机

本机由加载机构、测力机构及记录装置 3 部分组成，如图 1-11 所示。

1.5.1　构造原理

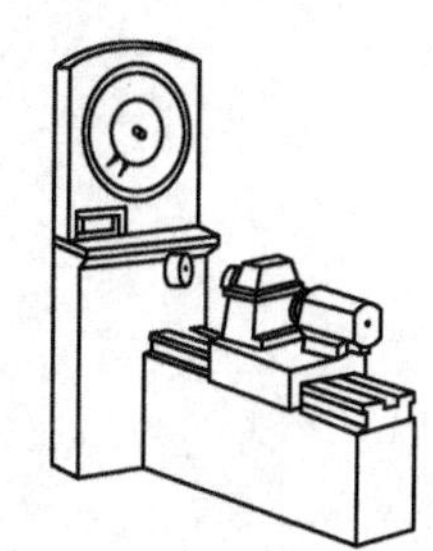

图 1-11　NJ-100B 型扭转试验机

（1）加载机构：直流电动机、减速箱安装在溜板上，通过滚珠轴承可在机座的导轨上滑动。直流电动机通过减速箱带动主动夹头旋转，对试件施加扭矩，试件将感受到的扭矩传递给固定夹头，此时测力机构便开始工作。

加载速度由无级调速多圈电位器控制，速度分为两挡，即 0～36°/min 和 0～360°/min，速度值可由操纵面板（图 1-12）上的电表 4 指示。如果选用 0～36° /min 挡，此时的实际速度是将电表 4 的读数减小 10 倍。实验前，应将多圈调速电位器 5 逆时针旋转到零，这时起动电动机不转，电表 4 指示为零，当顺时针缓慢调节多圈调速电位器 5 时，电动机转动速度逐渐增加，使试件上的扭矩值也逐渐增加。

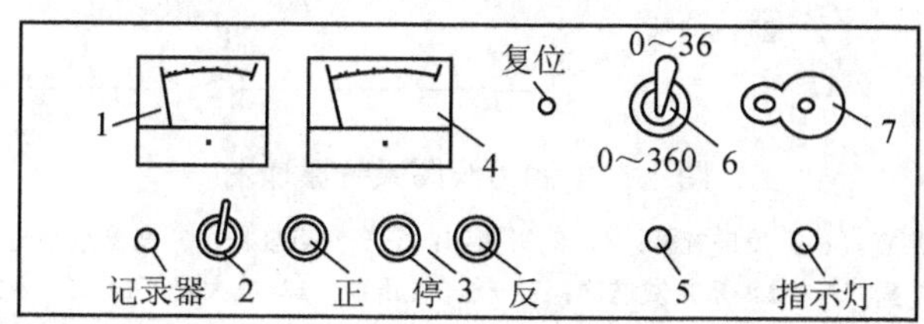

图 1-12　操纵面板

1-电流表；2-记录器开关；3、7-电钮；4-电表；5-调速电位器；6-变速开关

（2）测力机构：测力机构如图 1-13 所示，由杠杆传力系统和随动控制系统组成。杠杆传力系统由直接传递扭矩杠杆 2、反向杠杆 3、变支点杠杆 6、平衡杠杆 10 组成。随动控制系统由差动变压器 12、放大器 13、伺服电动机 14 组成。差动变压器的移动铁心装在平衡杠杆上，在初始状态（未加扭矩即 $T=0$），游铊 19 对支点的力矩等

于拉杆 20 的拉力 P 对支点的力矩，$Q \cdot S = P \cdot r$，此时，杠杆处于平衡状态，差动变压器的铁心处于零点位置，无信号输出，伺服电动机也不转。当逐渐施加扭矩时，通过杠杆 2 或反向杠杆 3、变支点杠杆 6，由于拉杆 20 拉动平衡杠杆 10，此平衡杠杆立即出现微小的不平衡，使右端微微上翘，推动差动变压器 12 的铁心，差动变压器的铁心移位后，发出信号经放大驱动伺服电动机 14，通过钢丝 21 拉动游铊 19 在平衡杠杆上移动，以达到新的平衡。在力矩作用下，游铊 19 不断地跟随移动，钢丝 21 拉动绳轮 15，使度盘上的指针 16 转动，指示出扭矩值。

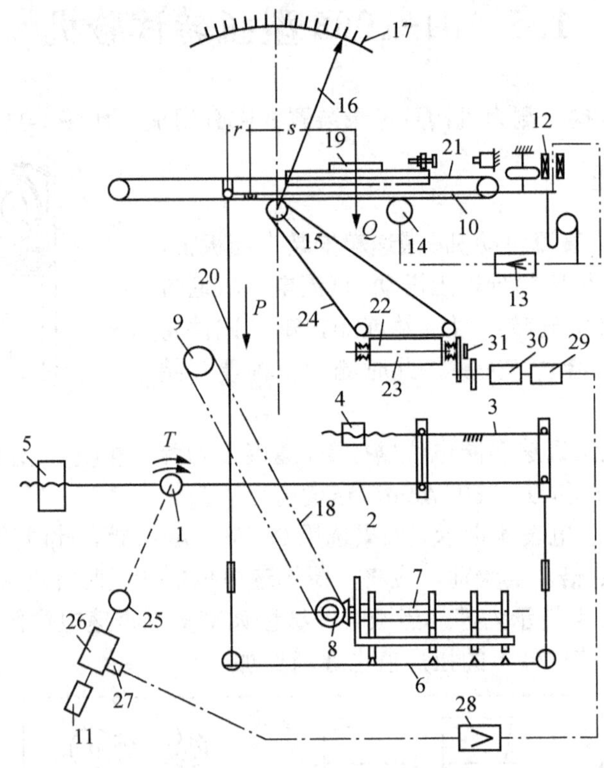

图 1-13　测力绘图系统原理图

1-固定夹头；2-扭矩杠杆；3-反向杠杆；4、5-平衡砣；6-变支点杠杆；7-变支点凸轮轴；8-锥形齿轮；9-量程调节手轮；10-平衡杠杆；11-扭角发送器；12-差动变压器；13-放大器；14、29-伺服电动机；15-绳轮；16-指针；17—扭矩刻度表盘；18-传动链条；19-游铊；20-拉杆；21-传动钢丝；22-记录笔；23-记录筒；24-钢丝绳；25-可动夹头；26-电动机；27-自整角发送机；28-放大器；30-自整角变压器；31-齿轮

（3）绘图随动系统（图 1-13）由绳轮 15 的转动带动钢丝 24 拉动记录笔 22 在记录筒 23 上走动。而记录筒 23 的转动，是由于加载电动机 26 的转动带动自整角发送机 27 发出信号，经放大后，驱动伺服电动机 29 带动自整角变压器 30 的转子转动，由齿轮 31 使记录筒 23 转动，扭矩-扭角（T-φ）曲线就自动绘出来了。记录筒转动速度有两种：15′/mim 和 1°/min，通过齿轮 31 变换。

扭矩度盘有 4 种量程，旋转选择量程手轮 9 选定度盘，经链条 18、锥齿轮 8 的传递，由凸轮轴 7 来实现变换支点。例如，当选择手轮转至 100N·m 处，凸轮轴 7 第一个凸轮与变支点接触，这时表盘上的量程也为 100N·m。手轮与表盘、凸轮三者的变换必须一致。

1.5.2　操作步骤

（1）根据实验所需最大扭矩选定度盘，调整被动针与主动针重合。

（2）安装试件，把试件夹持部位放入配套的钳口中，用内六角扳手拧紧顶紧螺栓以夹紧试件，以免打滑。

（3）为了观察试件被扭的程度，可在试件工作段表面画一条平行于试件轴线的线段，再将活动夹头上的扭角刻度环指针对零，打开记录器开关 2（图 1-12），准备就绪，即可启动。

（4）按下电钮 7（图 1-12）接通电源，选好变速开关 6 的位置（0～36°/min 或 0～360°/min），一般脆性材料及塑性材料（在屈服点前）用低速，且速度最好保持为 2～6°/min。塑性材料过屈服点后可用高速 0～360°/min 挡加载，但须控制在速度满量程的 70%～85%且不超过 350°/min。

（5）加载速度由无级调速电位器控制直流电动机的速度。为避免电动机在高速下启动，开机前应将速度调到零，从零开始缓慢顺时针旋转电位器 5（图 1-12），使电动机转速逐渐增加，给试件缓慢匀速加载。

（6）根据实验所需，选择活动夹头旋转方向。按电钮 3（图 1-12）的正或反转，则表示电动机正转或反转。由正转变为反转时或由反转变为正转时，必须先按停止按钮，然后再转换转动方向。

（7）实验完毕卸载后，若扭矩盘指针仍不回零位，只需按一下复位电钮，指针便回原位。将多圈电位器 5（图 1-12）旋至零位，速度挡转换开关 6 放至 0～36°/min 挡上。

这里需注意的是，在实验前可以旋转选择量程手轮 9（图 1-13）调整量程，一旦对试件施加上扭矩后，严禁转动这个手轮。

1.6　游标卡尺

游标卡尺是一种常用的量具，具有结构简单、使用方便、精度中等和测量尺寸范围大等特点，可以用它来测量零件的外径、内径、长度、宽度、厚度、深度和孔距等，应用范围很广。

常用的游标卡尺有 3 种类型：普通游标卡尺（简称游标卡尺）、带表卡尺和数显卡尺。

1.6.1 构造原理

游标卡尺是常用来测量构件几何尺寸的量具，它由尺身及能在尺身上滑动的游标组成。若从背面看，游标是一个整体。游标与尺身之间有一弹簧片，利用弹簧片的弹力使游标与尺身靠紧。游标上部有一紧固螺钉，可将游标固定在尺身上的任意位置。尺身和游标都有量爪，利用内测量爪可以测量槽的宽度和管的内径，利用外测量爪可以测量零件的厚度和管的外径。深度尺与游标连在一起，可以测槽和筒的深度。

尺身和游标上面都有刻度。以准确到0.02mm的游标卡尺为例，尺身上的最小分度是1mm，游标上有50个小的等分刻度，总长49mm，每一分度为0.98mm，与尺身上的最小分度相差0.02mm。量爪并拢时尺身和游标的零刻度线对齐，它们的第1条刻度线相差0.02mm，第2条刻度线相差0.04mm，…，第50条刻度线相差1mm，即游标的第50条刻度线恰好与主尺的49mm刻度线对齐。当量爪间所量物体的线度为0.1mm时，游标向右应移动0.1mm。这时它的第5条刻度线恰好与尺身的5mm刻度线对齐。同样当游标的第25条刻度线跟尺身的25mm刻度线对齐时，说明两量爪之间有0.5mm的宽度，以此类推。在测量大于1mm的长度时，整的毫米数要从游标零线与尺身相对的刻度线读取，小数位从游标上读取，两者之和为实际测量尺寸。具体读数方法如图1-14所示。

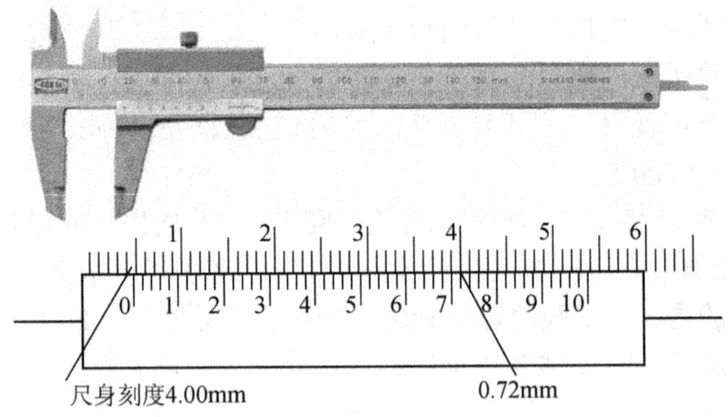

图1-14　游标卡尺

首先看尺身上被游标零线超过的刻线整数，如图1-14所示，超出尺身4格，整数为4mm；再看游标与尺身上刻线对得最齐的那条刻线是多少（游标上每一小格是0.02mm），这里对齐的是0.72mm，二者相加得4.72mm，这就是测得的尺寸。

1.6.2 带表卡尺

带表卡尺（图1-15）的外形与游标卡尺相似，它是利用机械传动系统，将两测量面的相对移动变为指示表指针的回转运动，并借助尺身标尺和指示表对两测量面相对移动所分隔的距离进行读数的测量器具。带表卡尺的用途与游标卡尺相同，但测量准确度高些。带表卡尺的使用方法与游标卡尺相同。读数装置是由尺身和指示表两部分组成，当尺框上的活动测量爪与尺身的固定测量爪贴合时，尺框左边线“读数部位”与尺身的零线对齐，指示表的指针位于正上方并指“0”，此时两测量爪之间的距离为零。测量时，将尺框向右移到某一位置，这时的活动测量爪与固定测量爪之间的距离就是被测尺寸。被测尺寸的整数部分可从读数部位左边的尺身刻度线上读出，而小数部分可由指示表指针读出，如图 1-16 尺身的读数(整数部分)是 35mm，表盘上的读数（小数部分）是 0.94mm，所测试件尺寸为两者之和，即 35.94mm。

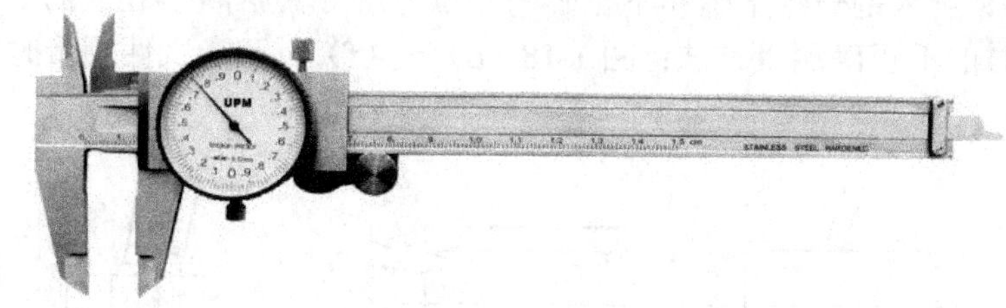

图 1-15　带表卡尺

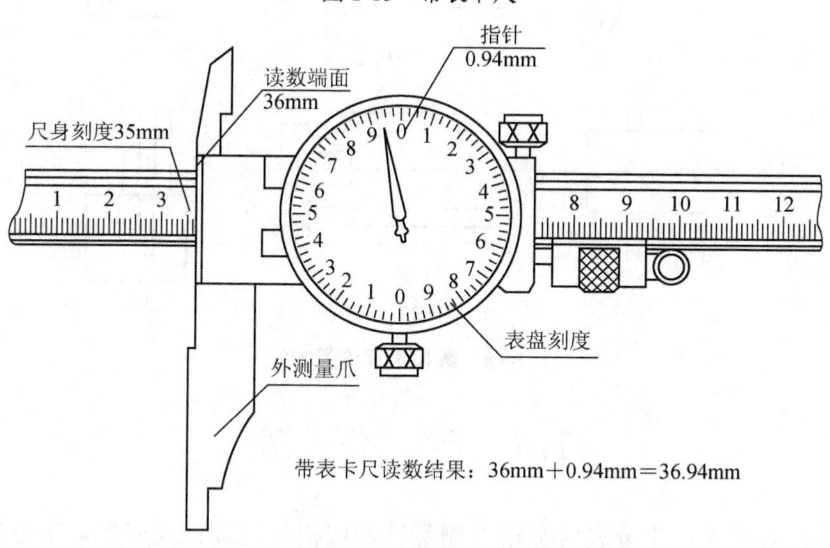

图 1-16　带表卡尺读数

1.6.3　数显卡尺

数显卡尺的用途与游标卡尺相同，它主要采用高精度直线形容栅传感器（长容栅），整个传感器由两组条状电极群相对放置组成，一组为动栅，另一组为定栅，如图 1-17 所示。动栅和定栅通过静电耦合来实现其位移的测量，但测试前量爪合并后应先清零，测试过程中可直接读得所测试件的尺寸。

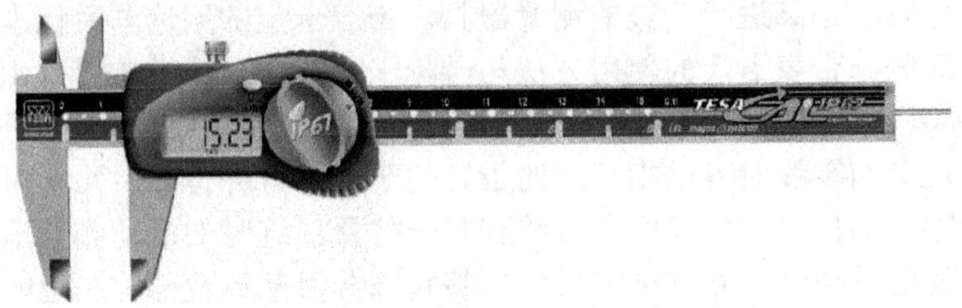

图 1-17　数显卡尺

如图 1-18 所示是一些正确和不正确的测量方法，其中图 1-18（a）～（c）所示为试件测量时的不正确测量方法；图 1-18（d）～（f）所示为试件测量时的正确测量方法。

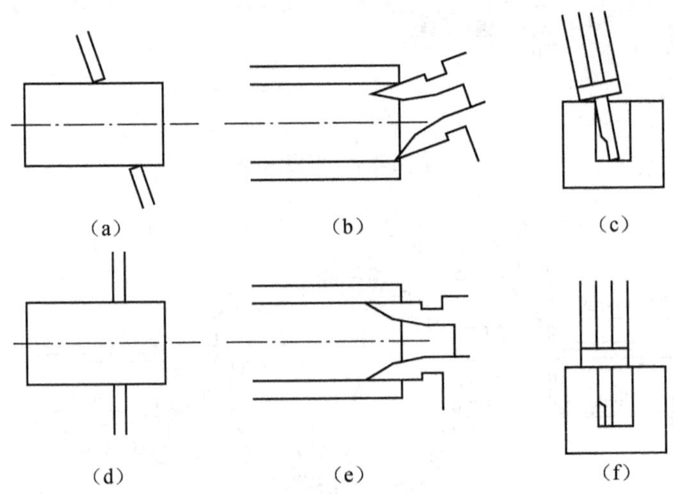

图 1-18　数显卡尺测量方法

1.7　千　分　表

在力学实验中，千分表常被用来测量试件或构件的位移或变形。千分表的构造如图 1-19 所示，其工作原理如下：将表身安装在固定的表架上，顶杆的触头抵在被测物体上，当被测物体沿顶杆方向移动时，顶杆随之一起移动，顶杆上面的齿条带动小齿轮转动，小齿轮又与和它同轴的大齿轮一起转动，最后使指针齿轮和指针旋转，经过这一系列的放大后，便在表盘上指示出位移的大小。千分表长指针转一格表示顶杆移动了 0.001mm，短指针转一格表示长指针转两圈，即 200 格。由于最小分度是 0.001mm，故称为千分表，其放大倍数 $K=1000$。实测时当顶杆与被测物体接触好后，可以转动表盘使长指针对准零位。使用千分表时应注意如下事项：

（1）使用时只能拿取外表壳，不得任意推动顶杆，避免磨损机件，影响千分表的灵敏度。

（2）安装时，要使顶杆与欲测的位移方向一致，并注意正、反方向和量程大小。

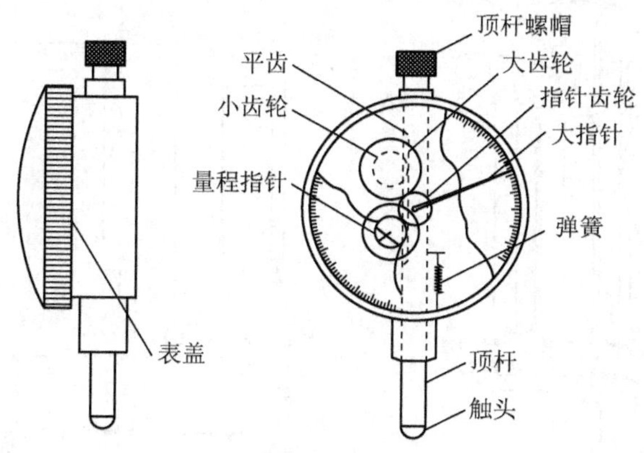

图 1-19　机械式千分表

1.8　球铰式引伸仪

引伸仪是测量试件变形并放大输出示值的仪器。球铰式引伸仪是采用机械传递来测定试件拉伸变形的，其结构原理如图 1-20 所示。它分为两部分：一部分是千分表，另一部分是变形传递架。如图 1-20（b）所示，框架 *ABCD* 为固定试件的刚性结构，*GD* 是变形传递臂，可绕球铰点 *D* 转动。*E*、*F* 点各有一对螺栓顶尖，可夹持试件。*H* 处为可转动的定位圆柱，它的部分圆柱面被削除成与轴平行的平面，当圆柱面接触传递臂时，顶尖 *E*、*F* 距离正好为 L_0＝100mm。千分表外壳固定在刚性结构表架及夹杆 *AI* 上，安装时将千分表测杆压缩进入一定的行程后与传递臂 *GD* 的平台 *G* 点接触，靠千分表内弹簧使触点保持在变形过程中不脱开。试件伸长后，带动传递臂 *GD* 摆动，因为 *GD*＝2*FD*，所以试件 *EF* 之间的变形 ΔL 传递到 *G* 点放大为 $2\Delta L$，被千分表测得，所以千分表长指针每走一格，表示试件伸长 1/2000mm，即引伸仪放大倍数 K＝2000。

球铰式引伸仪的安装步骤如下：

（1）先将试件夹持在试验机上，加初荷载到 *P*，用左手拿起变形传递架，转动定位圆柱使圆柱面与传递臂接触。将传递架从缺口处安装在试件工作段并落在定位片上，使顶尖对准试件中轴线，然后拧紧顶尖螺钉，顶紧试件。拧紧程度为顶尖接触试件表面后，再旋紧 90° 左右。

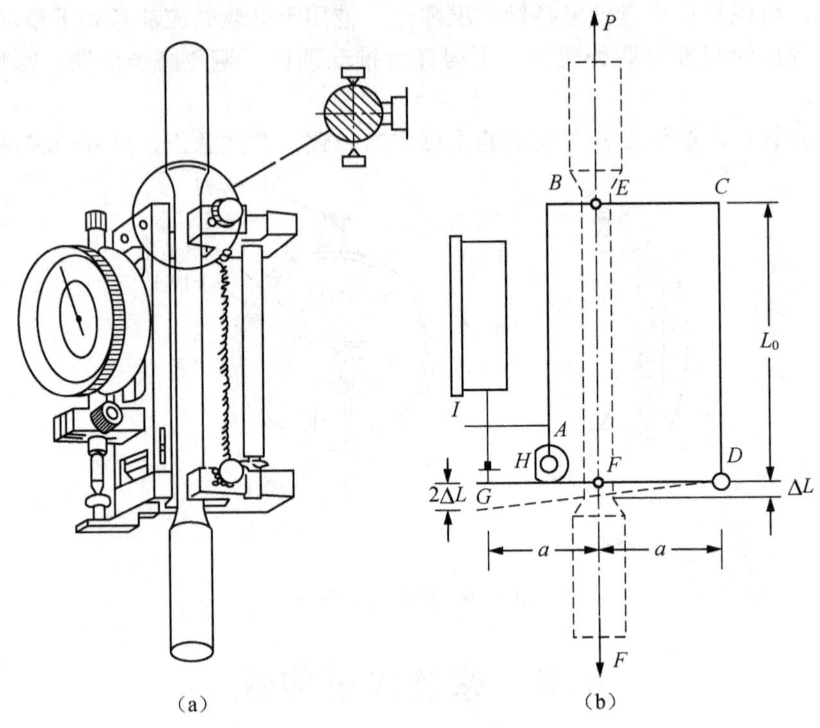

图 1-20　球铰式引伸仪结构原理

（2）将千分表插入表夹杆 AI 的圆孔中，顶压测杆，使短指针走到量程刻度 0.6mm 处，拧紧固定螺钉。

（3）转动定位圆柱，使其平面朝向传递臂，形成间隙，使初变形直接传递给千分表。

（4）安装引伸仪时，注意要使千分表由上向下插入且表盘朝外，并使引伸仪相对试样左右对称。

1.9　电子引伸计及其应用

电子引伸计是测量构件标距（L_0=50mm）范围内变形值大小的传感器，它的构造原理如图 1-21 所示，结构形式如 U 形，上下测杆是两个悬臂梁，在悬臂梁上、下表面贴电阻应变片，梁自由端的位移（挠度）与梁表面应变成正比。由材料力学可知，梁端点的挠度：

$$y_0=\frac{FL^3}{3EJ}，J=\frac{bh^3}{12}$$

贴应变片处应变$\varepsilon=\dfrac{\sigma}{E}$，即$\varepsilon=\dfrac{6F_x}{bh^2E}$，由此得出：

$$y_0=\frac{2L^3\varepsilon}{3hx}$$

式中，h 为梁的厚度；F 为作用力；L 为跨度；x 为应变片位置到自由端距离；E 为弹性模量；J 为惯性矩。

使用时用皮筋或弹簧夹将电子引伸计的右边刀口固定在试件工作段两端，试件变形时，电子引伸计的刀口随之一起变化，同时引起应变片电阻的变化，通过应变仪即可测出变形值，利用此原理制成的如图 1-21 所示的双悬臂梁式位移传感器，常称为夹式电子引伸计。

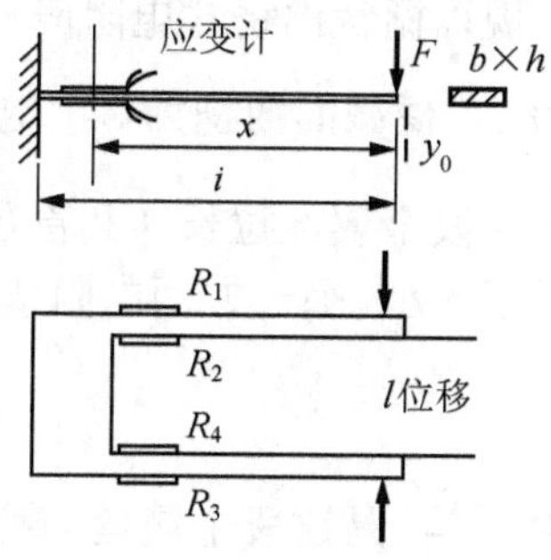

图 1-21　夹式电子引伸计的构造原理

1.10　电阻应变仪及其应用

电阻应变仪和电阻应变片是电测法中主要使用的仪器与测量元器件。它的基本原理是将被测构件的机械量应变的变化，转换为电量电阻的变化，然后把测得的电量改变量转换为欲测定的机械量，如应变等。

1.10.1　电阻应变片

电阻应变片是将构件表面的应变量（将电阻应变片粘贴在构件被测部位表面）转化为电阻改变量的一种元器件。目前常用的电阻应变片有栅状丝绕式和金箔式等。前者是由直径为 0.02～0.05mm 的镍铬或镍铜合金电阻丝绕制成栅状，然后固贴在两片绝缘薄膜之间，两端焊以 0.1～0.2mm 的铜线作为引出接线，如图 1-22（a）所示。后者是用金属箔腐蚀而成的箔式应变片，如图 1-22（b）所示。半导体应变片如图 1-22（c）所示。

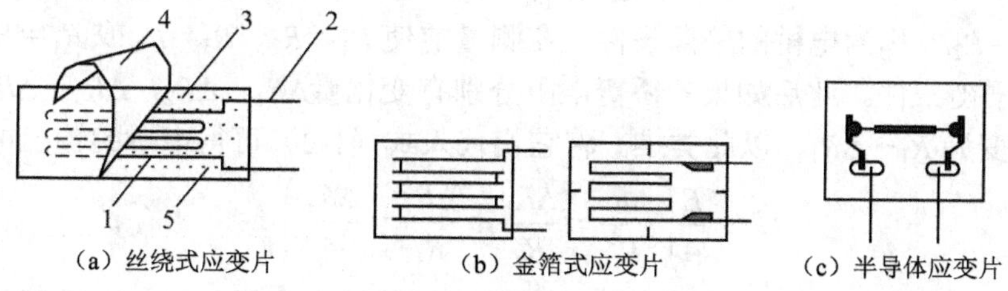

（a）丝绕式应变片　（b）金箔式应变片　（c）半导体应变片

图 1-22　电阻应变片

1-电阻丝；2-引出线；3-基底；4-保护层；5-黏结剂

现以栅状丝绕式电阻应变片为例介绍其原理：从该电阻丝中取出一段长为 L，直径为 d，横截面面积为 A，电阻值为 $R=\dfrac{\rho L}{A}$（ρ 为电阻系数，它与材料性质有关）。若将这段金属丝拉长（其直径也相应减小），则它的电阻值就发生变化。一方面长度伸长了 ΔL，另一方面电阻值增加了 ΔR，实验和理论都已证明二者之间关系如下：

$$\frac{\Delta R}{R}=K\frac{\Delta L}{L}=K\varepsilon \tag{1-1}$$

式中，$\dfrac{\Delta L}{L}$ 是这段金属丝的拉伸应变 ε。式（1-1）说明：ε 与 $\dfrac{\Delta R}{R}$ 成正比，K 为转换系数，也称灵敏度系数，它与金属丝材料的性质有关。若已知 K 和 R，则只要用电学仪器测出 ΔR，就可算出 ε。

1.10.2　电阻应变仪的基本原理

电阻应变仪是将应变片引起的电阻变化量通过电桥转换成电压的变化量，经过放大电路后直接读出应变值的一种测量仪器。应变仪中有一个惠斯通电桥，其中电阻应变片可充当桥臂电阻，电桥可将电阻应变片阻值的微小变化转换为电压的变化。电桥线路如图 1-23 所示，它以应变片或电阻元件作为桥臂，电桥上 4 个桥臂的电阻可选 R_1、R_1 和 R_2 或 R_1～R_4 均为应变片等几种形式。当为前两种形式时其余桥臂为无感标准电阻。A、C 两端为输入端，直流电压为 E，B、D 两端为输出端。应变电桥的输出端与应变仪中电子放大器的输入端相连，而放大器的输入阻抗一般很大，因此近似认为电桥输入端为开路。由电路可知 B、D 两端的输出电压 U 与电源电压 E 及各桥臂电阻的关系为

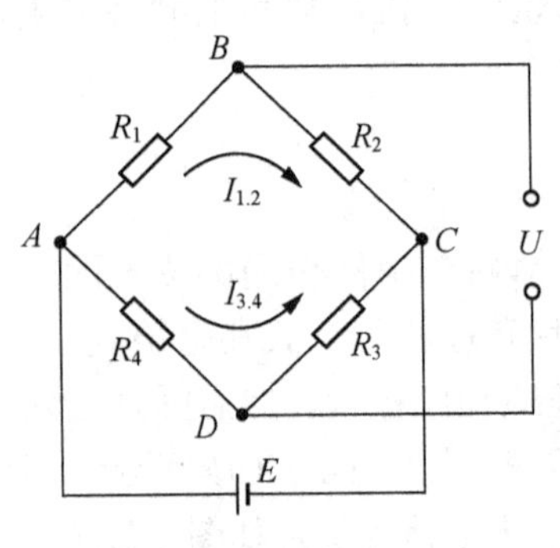

图 1-23　电桥线路

$$U=E\frac{R_1R_3-R_2R_4}{(R_1+R_2)(R_3+R_4)} \tag{1-2}$$

当 $R_1R_3=R_2R_4$ 时，$U=0$，此时电桥处于平衡状态，因此 $R_1R_3=R_2R_4$ 称为电桥的平衡条件。在测量前使 $R_1=R_2$、$R_3=R_4$ 或 $R_1=R_2=R_3=R_4$ 则满足平衡条件。此后如果各桥臂电阻分别有变化量 ΔR_1、ΔR_2，ΔR_3、ΔR_4，则电阻值由 R_1 变为 $R_1+\Delta R_1$，以此类推。将它们代入式（1-2）可得电桥的输出电压为

$$U\approx\frac{E}{4}\left(\frac{\Delta R_1}{R_1}-\frac{\Delta R_2}{R_2}+\frac{\Delta R_3}{R_3}-\frac{\Delta R_4}{R_4}\right) \tag{1-3}$$

式（1-3）给出电桥的一个重要性质，即电桥的输出电压与相邻两桥臂的电阻变化率之差或相对两桥臂的电阻变化率之和成正比。如果相邻两桥臂的电阻变化率大小相等，符号相同，则电桥不会改变其平衡状态，即保持 $U=0$。如果电桥 4 个桥臂

均接入相同的应变片，由式（1-1）与式（1-3）有

$$U=\frac{1}{4}KE(\varepsilon_1-\varepsilon_2+\varepsilon_3-\varepsilon_4) \tag{1-4}$$

如果电桥有一个臂接入应变片（如 R_1 桥臂），其他桥臂为固定电阻，当应变片感受有应变 ε_1 时，则按式（1-4）有 $U=\frac{KE\varepsilon_1}{4}$，测定 U 值后就能算出 ε_1 的值。

由于应变测量时电阻变化率很小，因此电桥电压输出也很小，普通仪表难以检测出来，这就需要对电量的微小变化经过放大器放大后通过显示仪表显示。

本实验采用 CM-1A-12 型静态数字电阻应变仪，其工作原理框图如图 1-24 所示。该仪器电桥采用单电桥，由电桥输出差分信号经过放大器放大后进入有源滤波器，对滤波后的信号通过 A/D 转换器来实现模拟量到数字量的转换（四位半数显）。实验采用两片应变片接成相邻的半桥进行测量，其中电桥 *A*、*B* 两点之间连接测量片，*B*、*C* 两点之间连接温度补偿片。

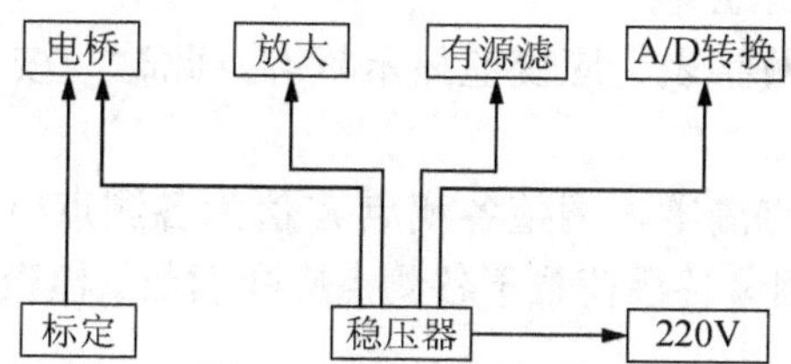

图 1-24 CM-1A-12 型静态数显电阻应变仪工作原理框图

1.10.3 温度补偿

在测量试件的应变时，如果环境温度发生变化，导致构件热胀冷缩，也将造成应变片的电阻变化，因而使测得的应变中包含有荷载和温度两部分引起的应变。为消除温度引起的应变，可采用温度补偿方法。

现以半桥接法为例说明温度补偿方法：设 R_1 为贴在试件上的应变片（称为工作片），再用一片与工作片 R_1 的阻值、灵敏度系数完全相同的应变片接为 R_2（温度补偿片）。将温度补偿片 R_2 贴在与试件材料相同的另一试件上，但不受力，并置于相同温度的环境中。当环境温度变化时，工作片产生的应变为 $\varepsilon_1=\varepsilon_{1p}+\varepsilon_{1t}$，其中 ε_{1p} 表示由荷载引起的应变，ε_{1t} 表示由温度变化引起的应变。温度补偿片 R_2 产生的应变为 $\varepsilon_2=\varepsilon_{2t}$，因 $\varepsilon_{1t}=\varepsilon_{2t}$，$\varepsilon_3=\varepsilon_4=0$，由式（1-4）有

$$U=\frac{KE(\varepsilon_1-\varepsilon_2+\varepsilon_3-\varepsilon_4)}{4}=\frac{KE\varepsilon_{1p}}{4}$$

这时由应变仪读出的数值就只代表了荷载所引起的应变量而消除了温度变化的影响。

1.10.4　CM-1A-12 型电阻应变仪的使用方法

现以梁弯曲实验为例来说明应变仪的使用方法。

（1）检查梁支座位置、加载位置、应变片位置、补偿片位置，按编号连接导线。

（2）检查实验梁是否处于无荷载状态，调节加载机构使得荷载为零。

（3）打开 CL-1 型测力仪、CM-1A-12 型静态数字电阻应变仪后面板上的电源开关。

（4）用螺钉旋具转动测力仪零点调节电位器旋钮，使数字表显示零荷载。

（5）按应变仪前面板上的总清键，各测点自动清零。若按一下清零键，当前测点清零。

（6）按测量键（双功能键，可以转换状态，检查各点 K 值或显示各点应变值），数字表显示 2.000 或大于 2.000，为 K 值显示状态，按 P/K 减键或 P/K 增键，调整某点的 K 值为应变片的实际 K 值。

（7）按测量键，则数字表为应变值显示状态，此时，按 P/K 减键或 P/K 增键，选择测点。

（8）实验前将各测点清零，调整各测点 K 值为各测点电阻片灵敏度系数值。

（9）分级加荷载，测量各级荷载下各测点应变读数。检查读数无误后，卸载关机。

1.10.5　CM-1L-24 型静态电阻应变仪的使用方法

CM-1L-24 型静态电阻应变仪具有人机对话功能，其键盘为矩阵式，具有数字键及功能键。数字键主要用于数据采集通道的切换及 K 值大小的设置，由数字（0～9）键以及“▲”增、“▼”减键组成。

功能键共包含 5 键，即 Shift 键、K(S)/测量键、总清/清零键、K(A)/巡检键、机号键。有关键盘的详细操作介绍如下：

（1）切换测点：测点的切换要求在测量界面下完成，可通过两种途径实现。方法一：可通过数字键输入两位数来实现测点切换。例如，由键盘输入 02，则表头显示切换为第 2 测点应变。方法二：可通过按“▲”、“▼”键来查看各通道数据。

（2）K 值修正：当表头显示测量界面时，用户按 Shift＋K（S）/测量组合键将表头显示切换为 K 值修正界面，查看 K 值或对 K 值进行修正，即首先按 Shift 键，释放该键后再按 K（S）/测量键，进入 K 值修正界面，表头显示当前测点应变片 K 值。在完成上述步骤后，可由数字键的输入对当前 K 值进行修改。例如，当前 K 值为 2.000，若操作者输入 4 位数（如 1999），则表头 K 值指示修正为 1.999，完成对 K 值的设置并自动保存，也可以通过按“▲”、“▼”键来对某点进行查看和设置。

表头显示 K 值时只需按 K（S）/测量键，表头即可切换回测量界面显示应变（应变值与 K 值显示最显著的差别是应变值无小数点，K 值显示是 2.000 左右的数值）。

若设置完 K 值返回测量界面，则只对当前测点 K 值修正，在设置完 K 值后，按 K（A）/巡检键，则仪器所有测点的 K 值被修改为与当前测量点相同的 K 值并返回测量界面。

（3）总清/清零：按总清/清零键，对表头当前的测点进行清零；若该键与 Shift 键相组合，可实现总清功能，即先按 Shift 键，再按总清/清零键对各测点自动进行清零，然后返回原测点。

（4）巡检：按一次 K（A）/巡检键，对各测点自动循环测量一次，并显示测量数值。

1.11　测力仪及其应用

测力仪是测量加在构件或试件上拉、压力值大小的仪器，它的构造原理和应变仪相同，它的输入端和拉、压力传感器相连接，拉、压力传感器如图 1-25 所示，在圆柱体（筒）上贴上电阻应变片，沿受力轴线加力时电阻应变片阻值发生变化，利用和应变仪同样的原理可测出拉、压力值大小，压力时显示为负数。测力仪和传感器连好线后，操作方法很简单，在荷载为零时：CL-1 型用螺钉旋具调零；CL-2 型按清零键调零。然后按实验方法加载即可，但不能超出传感器的量程和实验最大值。

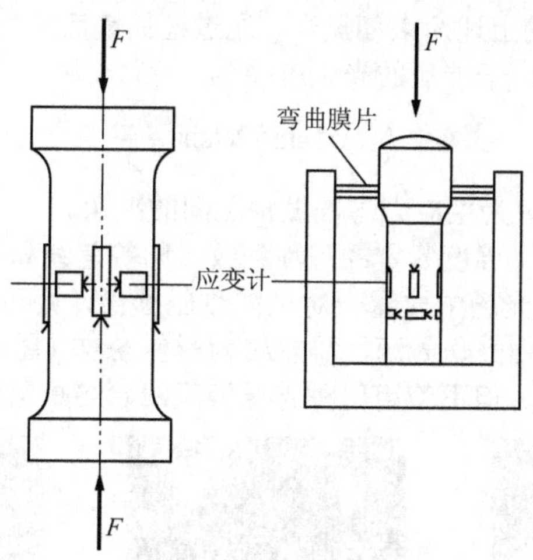

图 1-25　拉、压力传感器

1.12　数码光弹仪的应用

1.12.1　概述

光弹性法是一种用光来测量特殊材料构件应力的方法。它采用具有人工双折射性能的透明材料做成与实际工程结构、部件或零件几何形状相似的模型，并在模型上施加与实际部件相似的荷载，根据光弹性条纹可算出模型边界和内部各点的应力，再由相似理论换算成原件上的应力。其精度能满足工程设计的要求。

光弹性法可以测量几何形状与荷载条件都较为复杂的构件的应力，特别是可测量其他方法难以解决的应力集中及内部应力问题。因而受到学术和工程界的重视。光弹性法已经成为解决工程复杂结构应力分析的有效工具。在我国光弹性法已在机械、动力、航空航天、造船、建筑、水利、冶金、核动力、桥梁、生命科学、地下工程、石油机械等方面得到广泛应用。光弹性法是高等学校力学课程的重要组成部分。

1.12.2 材料的光学现象和应力的关系

光弹性法是建立在某些有应力的透明材料具有人为双折射现象的基础上，使应力的测量转化为光学的测量。当一束自然光通过起偏镜后得到平面偏振光，它垂直透射一受荷载的平面模型时，将沿着一点上的两主应力 σ_1 和 σ_2 方向分解成两束速度不同的平面偏振光，通过模型后，产生一相对光程差Δ。实验证明，光程差与该点的主应力差成正比，与模型的厚度成正比。因此，得到应力光性定律如下：

$$\Delta = C\delta(\sigma_1 - \sigma_2)$$

式中，C 为应力光学系数；δ 为模型厚度。

具有相对光程差Δ的上述两束偏振光，通过检偏镜后发生干涉。当检偏镜与起偏镜的偏振轴互相正交时，干涉后的光强度 I 为

$$I \propto a^2 \sin^2 2\theta \sin^2 \frac{\pi\Delta}{\lambda} \tag{1-5}$$

式中，λ 为光的波长；θ 为主应力与偏振轴之间的夹角。

因此，将出现两类光强度为零的干涉条纹，即等差线和等倾线。

若在正交平面偏振光场中放置一对径向受压圆盘，则可以得到等倾线和等差线的组合条纹。若用单色白光作光源，等差线为彩色条纹（图 1-26）；若用单色光作光源，等差线为黑色条纹。但不管用何种光源等倾线始终是黑色的。

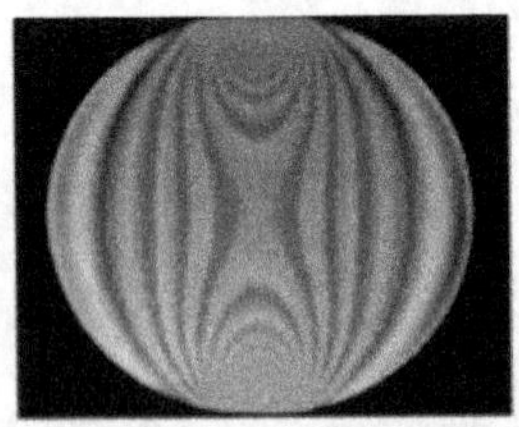

（a）白光源偏振场时的条纹

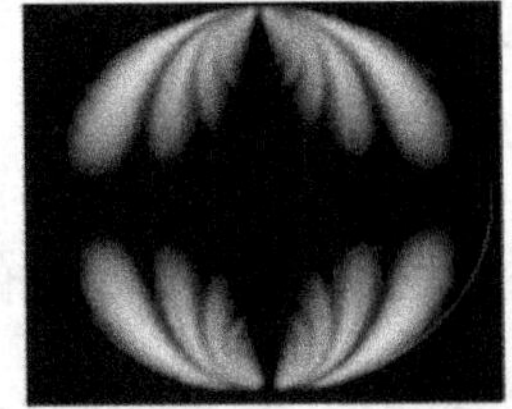

（b）白光源时等倾等差线组合

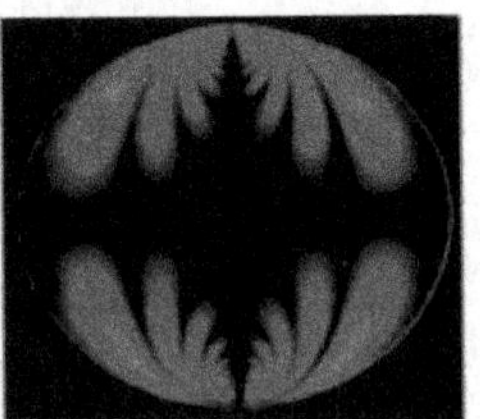

（c）单色光时等倾等差线组合

（d）单色光时梁的应力分布图

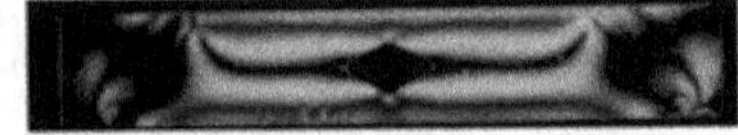

（e）复色光时梁的应力分布图（白光）

图 1-26　材料光学应力条纹

1.12.3 光弹仪的应用

TST 微型双屏数码光弹仪使用计算机屏幕作光源，可以完成白光和多种单色光的光弹性实验，同时采用与计算机相连的数码照相机拍摄光弹条纹图像，如图 1-26 所示，并运用简单的分析软件和灵活的加载方式，可以进行压弯组合实验、纯弯曲实验、孔边集中应力实验。光弹仪的构造原理、操作方法及应用参见第 4 章有关内容。

1.13 螺栓扭转试验机及其应用

随着科学技术的发展，钢结构工程的大量应用，螺栓成为钢结构的重要连接件之一，螺栓扭转试验机是为检测螺栓的扭矩系数、螺栓轴力、螺栓极限扭矩、总摩擦因数、螺纹摩擦因数等技术参数的专用设备之一，以判定螺栓质量是否符合国家标准要求。

螺栓扭转试验机（图 1-27）由固定夹头、可动夹头、总扭矩传感器、压扭组合传感器、电动机、减速器、控制器、微机等组成，螺栓试件安装好后，输入有关实验参数，在实验软件的控制下进行实验，本试验机根据实验螺栓工作长度和规格的不同，配备了不同大小和量程的套入式压力传感器来测施加扭矩后螺栓的轴力，实验前应进行正确的估值和选择，实验结束后可计算出有关实验结果。

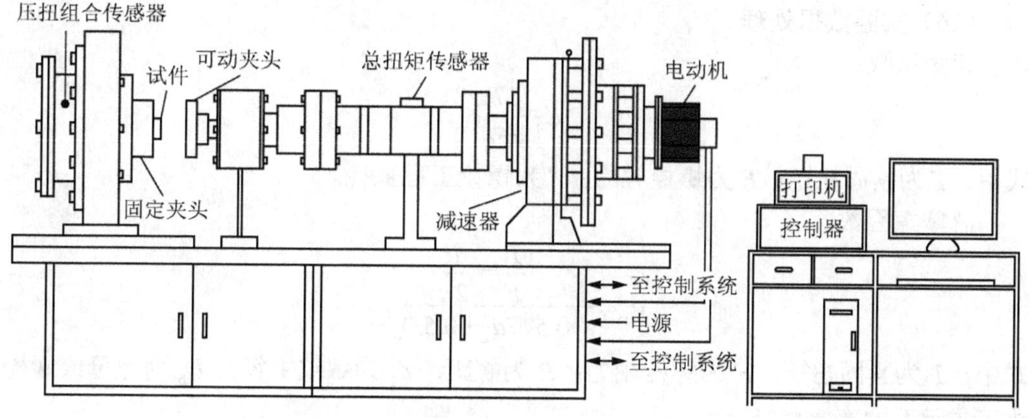

图 1-27　螺栓扭转实验机

螺栓扭转试验机的操作步骤如下：

（1）打开计算机，待计算机完全启动。

（2）打开 HYN-5000 扭转试验机，预热 20min。

（3）打开微机控制系统电源。

（4）双击桌面“拉扭”快捷方式图标。

（5）进入扭转实验程序。

（6）扭矩清零，扭矩1清零，负荷清零，安装试件。

（7）双击扭矩文本框中的数字，弹出“系统参数程序”对话框。

（8）进行相应的传感器参数设置（装入路径 C:\lndata）：因为螺栓大小型号规格不统一，该机配备了4个量程的轴力传感器，实验时需要进行选择，按以下步骤进行，装入“我的电脑”的C盘“lndata”文件中，里面有100kN、300kN、500kN、1000kN 4个量程文件，单击对应的传感器，然后保存退出即可。传感器选取接口为JK5，分别为100kN、300kN、500kN、1000kN。

（9）实验参数设置，如螺栓型号、工程直径等。

（10）设备参数设置，保证荷载设置要小于最终实验加载值，否则得不到扭矩系数计算值。

（11）预加转矩，使试件螺栓预紧。一般在负载保护处打勾并填写预加扭矩值，如2N·m，单击“实验开始”按钮到2N·m后自动停机，再将负载保护值填写比实验最终扭矩大5%即可。

（12）选择设定“负荷保护”。

（13）设定实验速度，单位为每分钟几度。

（14）开始实验，单击“开始”按钮。

（15）实验结束，单击“结束”按钮。

（16）实验数据处理。

扭矩系数：

$$K=\frac{T}{Fd}$$

式中，T 为紧固扭矩；F 为螺栓轴力；d 为螺纹工程直径。

总摩擦因数：

$$\mu_{\mathrm{TOT}}=\frac{\dfrac{T}{F}-\dfrac{P}{2\pi}}{0.577d_2+0.5D_{\mathrm{b}}}$$

式中，T 为紧固扭矩；F 为螺栓轴力；P 为螺距；d_2 为螺纹中径；D_{b} 为螺母或螺栓头下支承面的摩擦直径。

（17）实验结束后，保存实验数据。单击“计算”按钮，计算机自动处理实验结果，使用方向箭头可放大、缩小图形，单击⊙按钮使图形恢复原样，在下拉列表框中可以选择需要的结果，结果在中间的结果文本框中显示，图标记可以在图形上标出结果的来源，以便验证结果的正确性。

（18）打印设置选项：可以根据需要选择需要打印的条目，未选中的结果为空。

（19）退出程序。

（20）关闭微机控制系统。

（21）关闭计算机，关闭电源。

1.14　高频疲劳试验机及其应用

1.14.1　概述

高频疲劳试验机是一种通用的电磁激励共振型疲劳试验机，它主要用于对金属材料及零部件在高频拉伸、压缩及拉压交变负荷下的疲劳性能、断裂力学性能进行的实验。其主要用来测试各种金属材料的疲劳断裂性能；配以各种专用夹具，可以用来测试各种零部件的疲劳寿命等性能指标。高频疲劳试验机可实现大负荷、高频率、低功耗实验，从而缩短实验时间，降低实验费用，是工业发展的主要测试设备之一。

数字化高频疲劳试验机采用计算机控制技术和脉冲调宽控制技术，对试验机进行参数预置、自动控制、测量、实验过程管理、数据处理和显示器显示，实现了机电一体化。它除了可进行常规的疲劳实验外（轴向拉压对称、不对称实验及脉动实验），还可进行程控加荷实验（块谱）、包络线控制实验、裂纹扩展速率实验等。在实验中实现了对交变负荷及平均负荷的自动稳幅控制，大幅度地提高了交变负荷、平均负荷的控制精度和智能化程度，测力放大器能够自动调零，自动化程度高，并可自动定时存储负荷值及频率、循环次数。实验结束后，根据需要可打印出相应的数据报表及图形。实验中，全部操作均在计算机上进行，在显示器上显示各种操作提示，在屏幕上进行多参数的同时显示（交变负荷、平均负荷、谐振频率、循环次数、工作时间累计等）以及实验波形显示，并自动控制事故停机及故障显示。

1.14.2　主要技术参数

（1）型号：GPS100。

（2）最大平均负荷（kN）：±100。

（3）最大单向脉动负荷（kN）：±100。

（4）最大交变负荷（峰值 kN）：50。

（5）静负荷示值相对误差：≤±1%。

（6）频率范围（Hz）：80～250。

（7）整机消耗功率：380V，3.0kW；220V，0.5kW。

（8）负荷波动度：交变负荷 0.5%F·S；平均负荷 0.5%F·S。

（9）夹头间最大距离（mm）：700。

（10）两柱间最大距离（mm）：420。

1.14.3　试验机结构及其工作原理

1. 主机系统工作原理简介

主机结构示意图如图 1-28 所示，试验机的主机负荷框架由横梁、立柱、底座、减振弹簧 4 部分组成。由伺服电动机、两对蜗轮副、丝杠及弓形环等组成平均负荷系统，该系统同时用来调整实验空间。激励电磁铁、衔铁、弓形环及砝码等组成交变负荷激励系统。试样、砝码、弓形环组成一个质量-弹簧系统，当电磁铁的激励信号频率与该系统的固有频率相同时，则激发该系统产生共振。

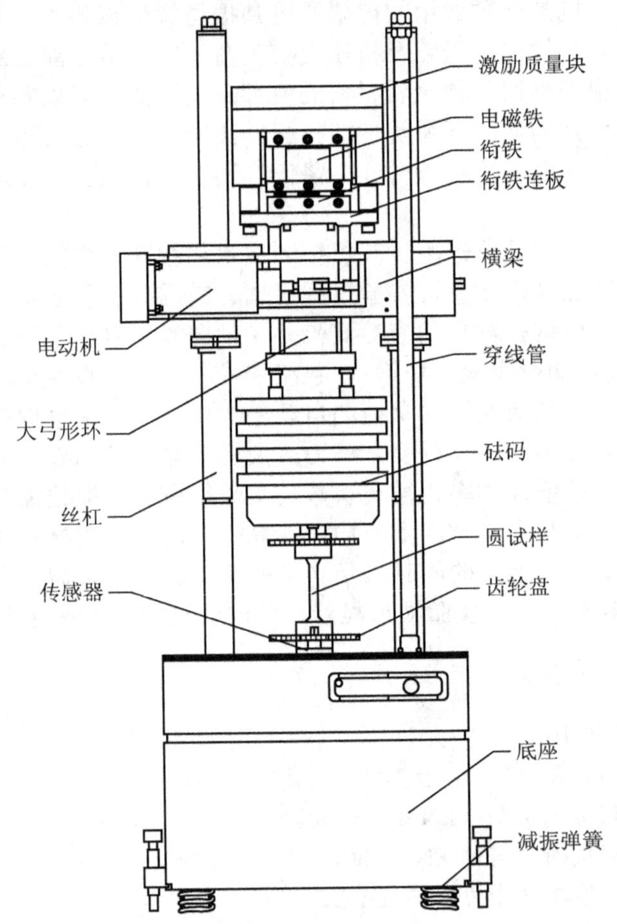

图 1-28　主机结构示意图

电磁激励器由激励质量块、电磁铁、衔铁及激励弹簧（小弓形环）组成。电磁铁与衔铁之间的气隙，可通过激励弹簧下的调整垫片进行调整。也可通过气隙上砝码 4 个角上的调整螺钉进行调整。电磁铁绕组有多个抽头，可根据不同频率、荷载及气隙尺寸适当选择。一般频率高、荷载大、气隙小时，选较小的匝数；反之，选较多的匝数。大多数情况下，以选 80 匝（第 2 挡）为佳。

注意：工作过程中，切不可带电操作主机电磁铁背面的电感量选择开关，否则将损坏功率放大器。

调频部分由 8 块砝码及砝码托架组成，共分 5 级。在一定的实验条件下，如欲获得不同频率，只需增减砝码的级数即可。

负荷传感器与下夹头连在一起，固定在底座上。其弹性体上贴有应变片，用于将负荷量转换成电量输出。

2. 计算机控制系统工作原理简介

计算机控制系统分为交变负荷控制部分和平均负荷控制部分，负荷放大器将来自负荷传感器的微弱差分信号加以放大、标定，将对应于平均负荷力的电压和对应于交变负荷力的峰值电压分别输入给计算机。同时还输出一个与交变负荷力同频率、同相位、同波形（正弦波）的电压作为同步信号传送给计算机。计算机根据检测到的信号幅值、频率、相位控制数字脉宽控制器，其频率与共振频率相同。通过调制输出脉冲宽度，控制功率放大器，来实现交变负荷的平稳控制。

中横梁移动的控制用于调整实验空间或做手动加载，加载速度由计算机设定。平均负荷控制系统将根据平均负荷设定值与实际值的差异，自动改变伺服电动机的速度设定值，以求得平稳和准确的跟踪。

1.14.4　试验机各部分的使用设置方法

正确的使用与操作是保证试验机长期可靠工作的必要条件。操作者在初次使用本机之前必须熟读相关说明。

1. 电控系统的操作使用

在操作电控系统之前，应特别注意的以下几个问题：

（1）控制箱内部的调速控制单元、配电板及功率放大器以及主机上激励电磁铁的插头座、电感量选择开关，在通电后均有高压产生，在工作过程中切勿触及或切换。带电检修时应特别注意安全。

（2）控制箱及主机有接地标志处，应与大地可靠连接。

（3）主机背面的电磁铁电感量选择开关在交变负荷状态下启动后，禁止切换，亦禁止插拔插头座，否则将造成严重损坏。

（4）计算机和电控箱应使用交流稳压器。当使用环境中有强烈电磁干扰时，如强烈的电弧、电火花设备、高频电子设备等，如果影响计算机的正常工作，则应装设净化电源。

注意：未装好试样前，绝对不能启动交变负荷，否则将造成严重损坏。

2. 电磁铁电感量的选择

主机背面的电磁铁电感量选择开关共分 5 挡，挡次越大，电感量越大。一般情况下，置于第 2 挡或第 3 挡，均可满足要求。但遇有下列情况，操作者可酌情处理。

（1）当频率高达 200Hz 以上，交变负荷加不到要求的数值，脉冲宽度已报警，但电流较小，这种情况下可将电感量减小（挡次往小调）。

（2）频率较低（100Hz 左右），交变负荷加不到要求的数值，电流已较大，“限流”灯已闪亮，但脉宽较小，这种情况下可将电感量增加（挡次往大调）。

（3）所需交变负荷较小，加至所需交变负荷时，电流、脉宽均较小，或交变负荷稳定性稍差时，可增加电感量。如交变负荷稳定性尚可，或虽稍差但仍可满足实验要求，这时也可以不调电感量。

3. 计算机软件操作说明

（1）软件操作说明：这套高频疲劳试验机控制软件是在 Windows XP 操作系统平台下开发的 Windows 应用程序，一切操作均符合 Windows 系统操作规范。当启动软件后，就进入了高频疲劳试验机控制软件集成环境的主窗口，如图 1-29 所示。该窗口主要分为 4 大部分，菜单栏、实际测量值显示窗口、参数设定窗口和波形显示窗口。菜单栏中包含“文件”、“试验管理”、“参数设置”3 个菜单项。实际测量值显示窗口位于主窗口的上半部分，包含“交变负荷”、“平均负荷”、“循环次数”、“频率”、“电流”、“脉宽”等实测值，还包含横梁“上升”、“停止”、“下降”，平均负荷控制“启动”、“停止”，交变负荷控制“起振”、“停振”及“复位”等按钮。参数设定窗口位于主窗口的左下部分，分为“试验参数”、“试验控制”、“保护设置”、“试验记录”、“数据处理”等选项卡，可进行参数设定；波形显示窗口位于右下部分。

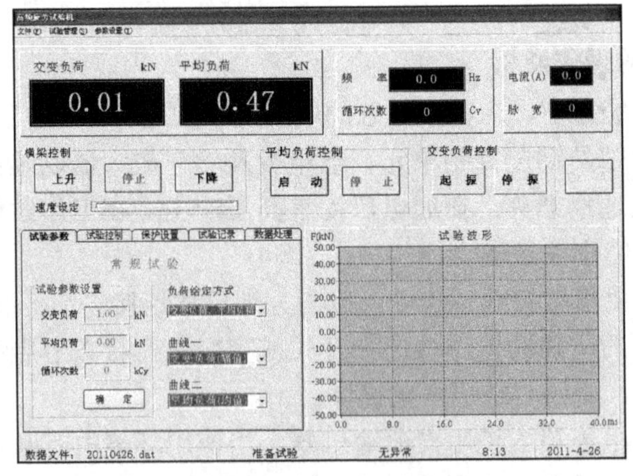

图 1-29　“高频疲劳试验机”主窗口

（2）软件中输入数据所使用的控件及其使用方法：控制参数的输入是通过相应

的滚动条来进行的，即要输入某一参数，首先选中该参数的显示条，此时该显示条变为白色；然后调节滚动条，输入所需参数，最后单击“确定”按钮，显示条变为灰色，所设置参数才有效。

（3）控制软件的启动过程：当软件启动后，首先弹出的是“创建文件”对话框，如图 1-30 所示，在此对话框中提示用户输入本次实验中用于存储记录数据的文件名，文件名默认为当天的日期，如 2011 年 4 月 26 日，则文件名显示为“20110426”。输入文件名后，单击“确定”按钮即可。接着弹出试验报告对话框，在该对话框中可填写与本次实验有关的内容，如图 1-31 所示。单击“保存”按钮后，进入高频疲劳试验机的主窗口，如图 1-29 所示。设置好实验参数后，即可进行实验。

图 1-30　“创建文件”对话框

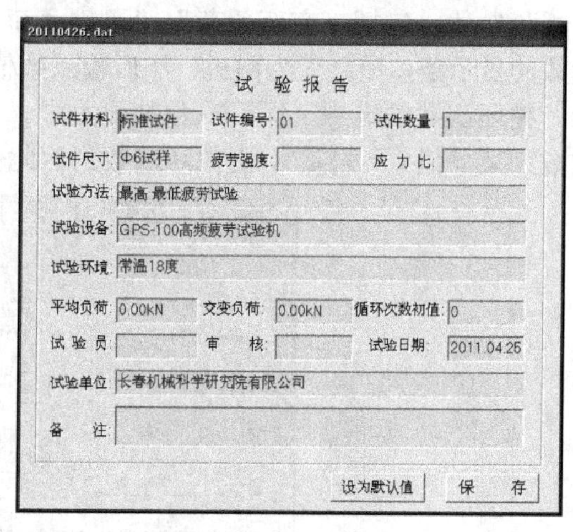

图 1-31　实验报告对话框

（4）功能按钮的使用如下。

① 横梁控制部分：包含“上升”、“停止”、“下降”按钮，即通过控制交流伺服电动机来移动中横梁，速度控制条可改变中横梁的升降速度，向右调节速度逐渐变大，单击“停止”按钮，即可使电动机停止转动，同时速度控制条恢复到最小速度，如在上升、下降间直接切换，则速度大小不变，只改变方向。

② 平均负荷控制部分：根据平均负荷给定值，自动控制电动机的运行，使平均负荷维持在误差允许范围内。此处为单按钮（即启动与停止使用同一按钮），未启动时显示为“停止”，单击后，显示为“启动”，再次单击则为“停止”，即在启动与停止间切换。

③ 交变负荷控制部分：“启振”、“停振”按钮控制交变负荷的起停。设置好实验参数后，左键按住“起振”按钮，停留 1～2s 后再抬起，“起振”按钮变为灰色无效状态，此时如交变负荷显示窗口值逐渐变大，频率也不为零，开始有实测值显示，同时能听到主机处有比较规则的声音，说明起振正常；如抬起左键后，交变负

荷显示窗口值显示为零或是一很小的值，频率在乱跳，同时主机处声音不正常，说明机器没有进入谐振工作状态，这时要单击“停振”按钮，然后再次单击“起振”按钮，重新起振。如几次都不能起振，则要分析原因再进行实验。

④ “复位”按钮：如果发生了事故，如“过流”、“限位”停机等，或一些事件，如“循环次数到”停机等，程序会对这些事件做出处理，并对设备进行保护。待处理完毕，必须单击“复位”按钮，实验才能重新进行，否则无法启动机器。

⑤ 几个隐式按钮的使用：交变负荷清零、平均负荷清零、循环次数清零，在相应的实测值显示窗口右击，则弹出相应的清零菜单，选择菜单命令即可实现清零。

⑥ 参数设置如下。

试验参数：包括“交变负荷”、“平均负荷”、“循环次数”参数的设置。单击相应参数的显示条，使之变为白色，然后输入数值，单击“确定”按钮即可，如图 1-32 所示。循环次数给定中，循环次数如设为零，表示对循环次数不做判断；如设置循环次数为某一值（不为零），则循环次数到达此值后，系统停机，显示“循环次数到”。

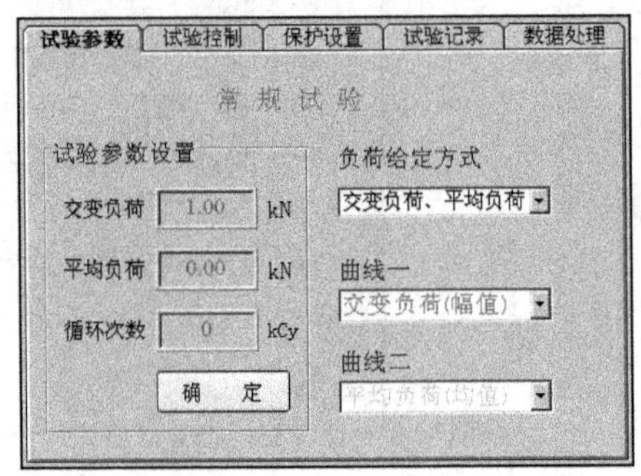

图 1-32　“试验参数”页面

试验控制：选择“试验控制”选项卡，则显示“试验控制”页面，如图 1-33 所示。在其下方有一个“运行时间累计”框，显示软件总的运行时间。

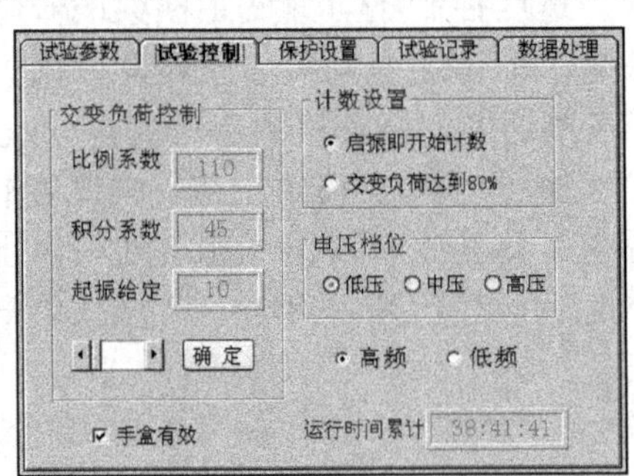

图 1-33　“试验控制”页面

保护设置：选择“保护设置”选项卡，则显示“保护设置”页面，如图 1-34 所示。试样保护分为交变负荷上、下限保护，平均负荷上、下限保护，频率保护。使用方法是勾选“未保护”复选框，此时“未保护”将变为“已保护”，然后通过调整保护值的滚动条可设置所需的保护值，单击“确定”按钮后设置完毕，此次实验即按照这些参数进行保护。

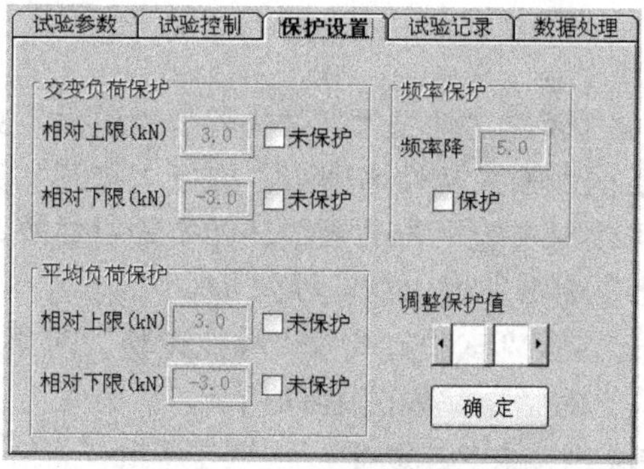

图 1-34　“保护设置”页面

试验记录：选择“试验记录”选项卡，则显示“试验记录”页面，如图 1-35 所示。在“记录方式”下拉列表框中选择“时间间隔（秒）”选项，则以时间间隔为基准存储数据；选择“次数间隔（次）”选项，则以次数间隔为基准存储数据，默认以时间间隔为基准。

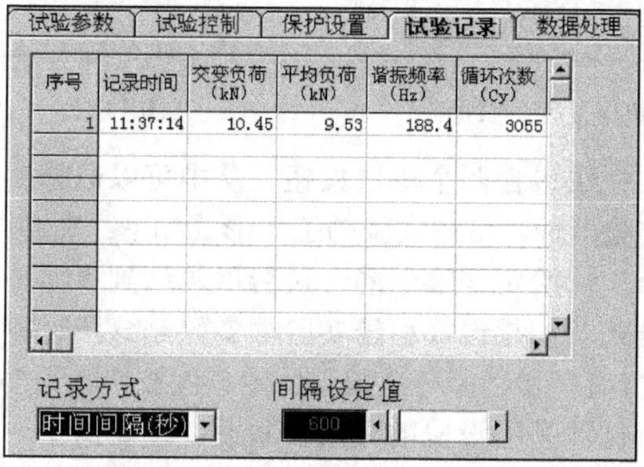

图 1-35　“试验记录”页面

间隔设定值的作用是以一定的间隔，定时或定次把实测参数记录下来，以便了解整个实验过程的实验数据。默认的次数存储间隔为 10000 次；默认的时间存储间隔为 600s。存储间隔还可以通过调整滚动条进行设定，设定所需要的间隔后即可定时/定次存储实测参数值。若间隔设为 0，则不做数据存储。

数据处理：选择“数据处理”选项卡，则显示“数据处理”页面，如图 1-36 所示。单击文件列表框中要处理的文件名，使之显示在上面的文件框内，即可打印或预览该文件内容。打印是将所选数据文件以表格形式直接打印出来，预览是在屏幕上模拟打印输出时的形式。例如，想预览某一数据文件，在文件列表框中单击文件名或在文本框中输入文件名，单击“预览”按钮即可打开预览窗口，在那里可以浏览数据记录的内容。

⑦ 菜单项的使用如下。

“文件”菜单：包含“新建文件”、“打开文件”、“退出”3项。选择“新建文件”命令后，在弹出的对话框中输入文件名即可。选择“打开文件”命令后，即打开一已存有数据的文件，可改写实验报告的参数，如实验材料等，但实测实验数据是不能改写的。选择“退出”命令即退出该软件。

“试验管理”菜单：包含“试验方式”、“程控试验”两项。选择“试验方式”命令，将弹出“试验方式”对话框，如图1-37所示。

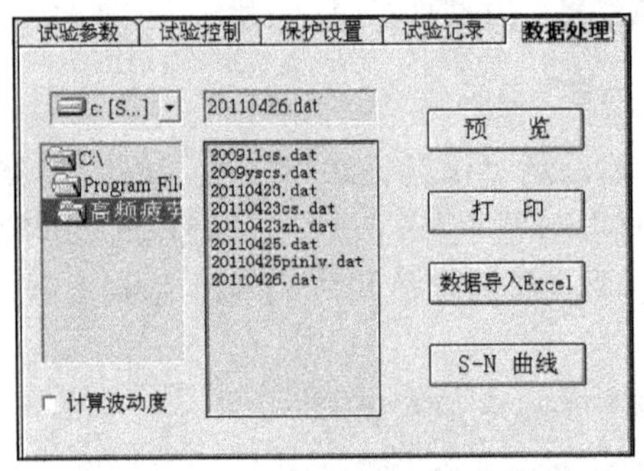

图1-36　“数据处理”页面

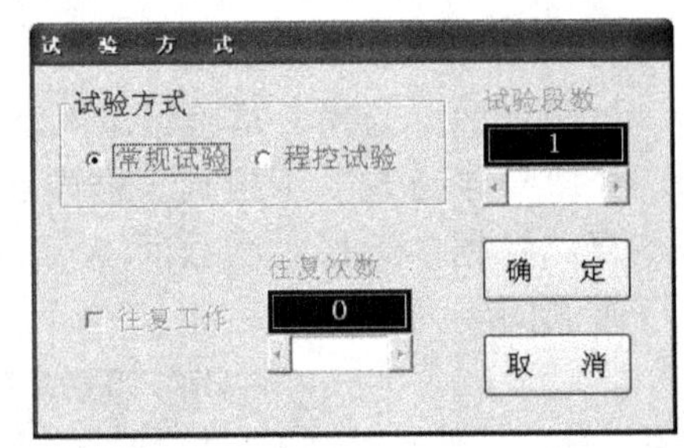

图1-37　“试验方式”对话框

在“试验方式”栏中包含两个单选按钮，从中可以选择实验方式。实验方式分为常规实验和程控实验两种。常规实验的工作形式如下：在整个实验过程中，“交变负荷”和“平均负荷”的给定是唯一的，疲劳次数达到“循环次数”给定的次数或试件断裂，则实验结束。如果选择程控实验，实验是分段进行的，每一段有各自的“交变负荷”、“平均负荷”和“循环次数”给定。程控实验最多可分为256段，可进行往复工作实验，即循环完所设置的几段实验后，重新从第一段开始，往复循环，完成往复次数后结束实验。实验参数给定在主窗口中设置。

程控实验设置方法如下：首先选择程控实验，通过滚动条设置实验的总段数，如需往复工作，则勾选“往复工作”复选框，设置往复次数，确定后，回到主窗口，如图1-38所示。段数显示为1，设置好交变负荷、平均负荷、循环次数后单击“确定”按钮，即设置好了第一段的参数；然后将段数值调整为2，再设置第二段的参数。设置好所有段的参数后，单击平均负荷控制“启动”按钮，即启动平均负荷自动控制。稳定后再启动振动控制，即交变负荷控制。此时实验参数设置中“交变负荷”、

“平均负荷”、“循环次数”均显示第一段的设置值。第一段循环次数到达后，显示第二段的设置值。同时工作段也显示为 2。按以上过程完成所设置的实验。

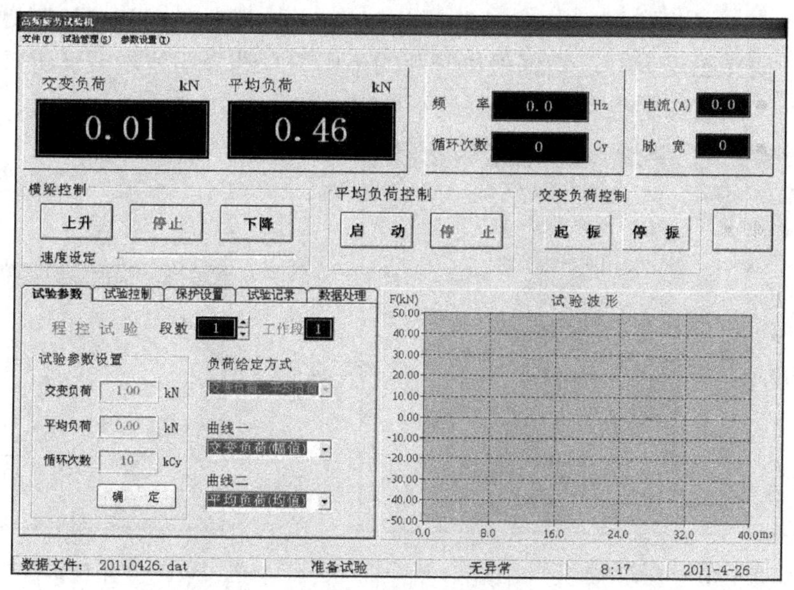

图 1-38　程控实验主窗口

在“曲线一”下拉列表框中选择“包络线控制试验”选项，将弹出“包络线控制试验”对话框，如图 1-39 所示。包络线控制实验即通过控制交变负荷的峰值完成某种波形。

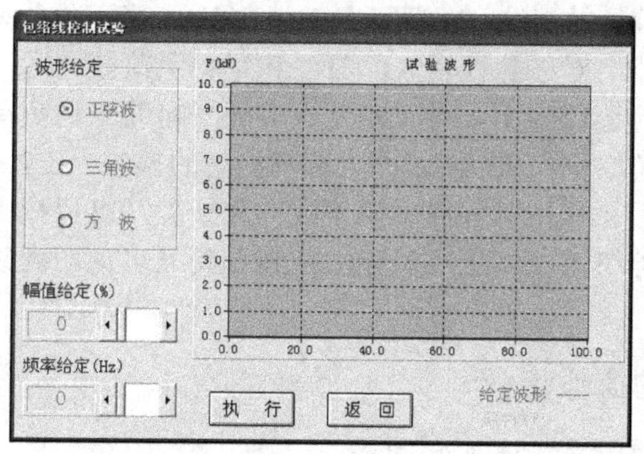

图 1-39　“包络线控制试验”对话框

“参数设置”菜单：系统参数设定菜单项是关于设备的一些重要参数设定，不可随意更改。一般是在供应商对设备下一次校力标定时才做相应的调整，如图 1-40 所示。在对话框中有“确定”、“保存”两个按钮。单击“确定”按钮把调整的值传送给程序，程序就以新的参数值运算。单击“保存”按钮把参数值存盘，以备下一次运行时使用。

在图 1-38 中左上角的“参数设置”中的“限位参数”菜单用于控制横梁的最大升降位置，防止出现意外。根据限位开关的不同型号选择正逻辑或反逻辑（出厂前已经调好），限位控制也可选择控制或不控制，如图 1-41 所示。

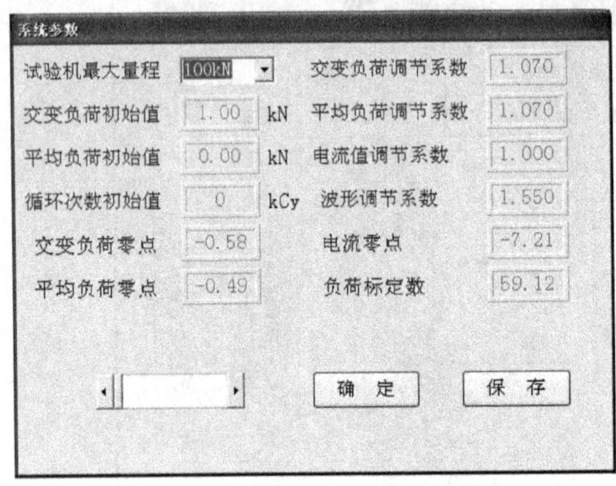

图 1-40 “系统参数”对话框

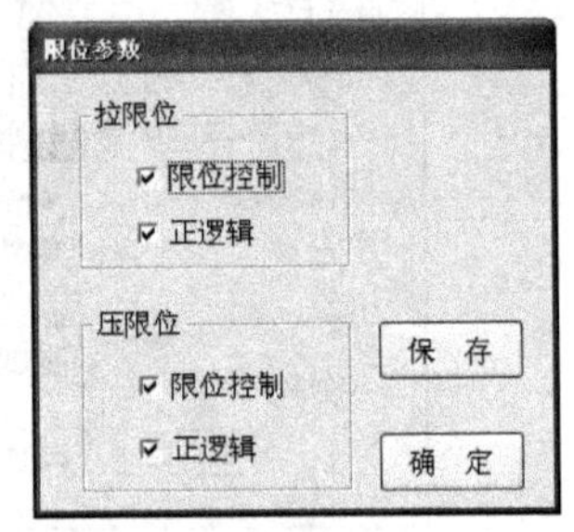

图 1-41 “限位参数”对话框

⑧ 试样破断时频率降的设定：由于本机在实验过程中对交变/平均负荷均可自动稳幅，因此负荷变化极小，试样是否破断的鉴别只能通过频率的下降来判定。因此合理地设定停机时的频率降，是保证实验在最适宜的时机停机的保证。此频率降的数值一般只能由经验来确定。对于韧性较好的试样，此值可选得较大，以保证停机时试样上能有明显可见的裂纹。一般可取 10～20Hz。当工作频率较高时，可取较大值；反之，取较小值。对于脆性较大的材料和平均负荷较大时，由于断裂是突然发生的，因此频率降应选得较小。对于脆性极大的材料而平均负荷又很大的情况，频率降最小可取 2Hz，但是不可取 1Hz（因为频率测量的误差为±1Hz，若频率降取 1Hz，会造成误动作停机）。这样可保证试样不致彻底断裂，可保护电磁铁与衔铁之间不发生碰撞。但此时停机后试样上可能无法观察到明显可见的裂纹，但可以肯定试样已有裂纹。

1.14.5 试验机的操作步骤

（1）打开电控箱电源，预热 30min。

（2）打开计算机电源，常规检查电控箱电器部分及计算机运行情况。

（3）双击计算机桌面上的“高频疲劳试验机”图标，启动高频疲劳试验机控制软件。

（4）输入保存数据的文件名后，单击“确定”按钮。

（5）输入与本次实验相关的数据，单击“保存”按钮。

（6）调整实验空间以便安装实验用试件。

（7）安装圆螺纹头实验用试件的简要步骤（见说明书）：

① 先将上、下夹头螺母套在试样上。

② 将试样两端旋上压盖，试样端部露出 2～3mm。

③ 升起上夹头。

④ 将夹头垫块放入下夹头内，使试样下端面与垫块接触，旋上下夹头螺母。将夹头垫块放入上夹头内，降下上夹头，当试样上端面与垫块距离约 1mm 时，旋上上夹头螺母。

⑤ 根据试样具体情况，施加一定压负荷，然后旋紧上下夹头螺母即可。

⑥ 试样装好后，可根据实验所要求的交变负荷力循环方式，施加所要求的平均负荷力。

⑦ 设置实验参数。

⑧ 启动平均负荷控制，使平均负荷力值达到设定值。

⑨ 启动交变负荷控制。

⑩ 设置各项保护值、频率降、交变负荷及平均负荷上、下限值。保护值的设置非常重要，以保证试样断裂时，试验机能停止工作，防止损坏试验机。

⑪ 实验结束后，停止交变负荷，将平均负荷卸载至零。

⑫ 关闭电控箱电源，退出高频疲劳试验机控制软件，关闭计算机电源，关闭总电源。

第2章 材料力学性能实验

2.1 概　　述

材料力学性能又称材料机械性能，是指材料在力或能量作用下所表现的行为。任何一种材料受力后都要产生变形，变形到一定程度即发生断裂。而受力—变形—断裂这一规律可用力-变形（F-ΔL）曲线来描述。可以看出，材料在加载过程中的任一时刻，应力和应变都存在确定的关系。但应力和应变的增长是有限度的，当达到某一极限值后，材料就会彻底断裂。这说明材料在整个破坏过程中，不仅有一定的变形能力，而且对变形和断裂有一定的抵抗能力，这些能力统称为力学性能。材料主要的力学性能有屈服强度、极限强度、弹性模量、延伸率、断面收缩率、冲击韧性、疲劳极限等，这些力学性能指标作为结构或构件强度设计的依据，都是由实验来确定的。

2.2 压 缩 实 验

2.2.1 实验目的

（1）测定铸铁的强度极限 σ_b。

（2）测定低碳钢的屈服极限 σ_s。

（3）观察试件压缩时的变形和破坏现象，绘制 F-ΔL 曲线。

2.2.2 实验仪器和设备

（1）电子万能试验机。

（2）游标卡尺。

（3）测角仪。

2.2.3 实验试件

金属材料压缩试件一般采用圆柱形（图 2-1），受压时它的两端面与试验机承垫之间会产生很大的摩擦力（图 2-2），使试件两端面的横向变形受到限制，如低碳钢压缩后试件呈鼓状。摩擦力的存在将影响试件的抗压性能，影响程度与试件尺寸的 $\frac{h_0}{d_0}$ 值有关。例如，这一比值增大时，摩擦力对试件中部抗压能力的影响将会减小，但过于细长又容易产生弯曲。由此可见，压缩实验是有条件的。在相同条件下，才能对不同材料的压缩性能进行比较。对于金属材料，压缩试件的尺寸一般规定为 $h_0=(1\sim3)d_0$，试件加工时，端面必须严格保持平行，并与轴线垂直，两端面还应制作得很光滑，以减少摩擦力的影响。

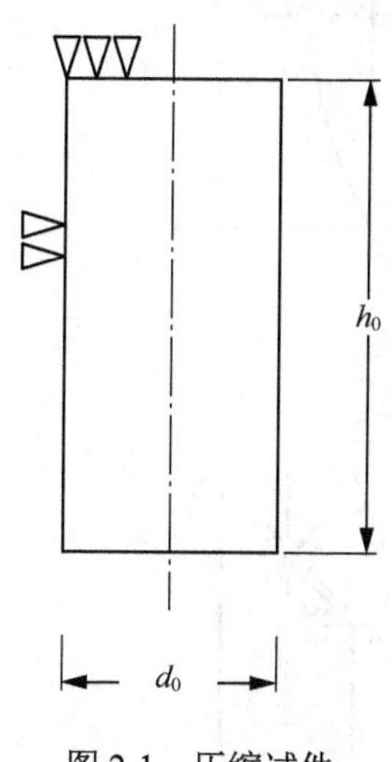

图 2-1 压缩试件

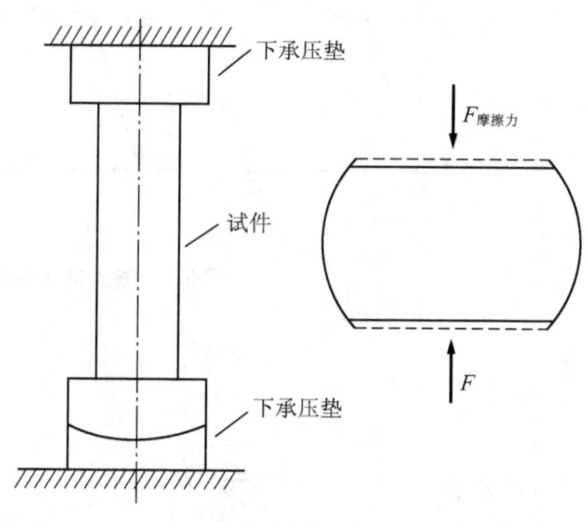

图 2-2 压缩实验时的球形承垫及端面摩擦力

2.2.4 实验原理和方法

压缩实验是研究材料力学性能的常用实验方法，对铸铁、铸造合金等脆性材料尤为适合。试件通过试验机球形承压垫轴向受力，低碳钢在压缩过程中，在比例极限范围内，压力和变形呈线性关系。当材料发生屈服时，压力值增加速度将减慢，出现瞬间停滞或略微下降的现象。此时的 F-ΔL 曲线可能出现如图 2-3（a）～（c）所示的 3 种情况之一，若荷载是恒定的［图 2-3（a)］则此时恒定的荷载为屈服荷载 F_{eL}；若荷载出现一个波峰波谷［图 2-3（b)］，则最小值为屈服荷载 F_{eL}；若荷载出现多个波峰波谷［图 2-3（c)］，则取第一个波谷之后的最小值为屈服荷载 F_{eL}。低碳钢压缩屈服阶段并不像拉伸屈服阶段那样明显，因此在测定屈服荷载 F_{eL} 时，不但加力速度要缓慢均匀，而且要非常仔细的观察。过了屈服阶段后材料进入强化阶段，由于低碳钢为塑性材料，随着压力的增大，横截面面积也在增大，最后压成饼状而不破裂，所以无法测出最大荷载或强度极限。

铸铁受压时的力学性能与拉伸时有明显的差别。其压缩变形曲线如图 2-4 所示，压缩时的变形能力和强度较拉伸时大很多，破坏时有较明显的塑性变形，且沿 45°～55°的斜截面先达到剪力极限而破坏。现分析如下：铸铁压缩时沿 K—K 截面破坏，假定它是剪断面，如图 2-5 所示，此时剪断面 K—K 上有正应力 σ_α 和剪应力 τ_α，即

$$\sigma_\alpha=\sigma_0\cos^2\alpha\,,\ \tau_\alpha=\sigma_0\sin 2\alpha/2$$

式中，σ_0 为截面上的正应力。

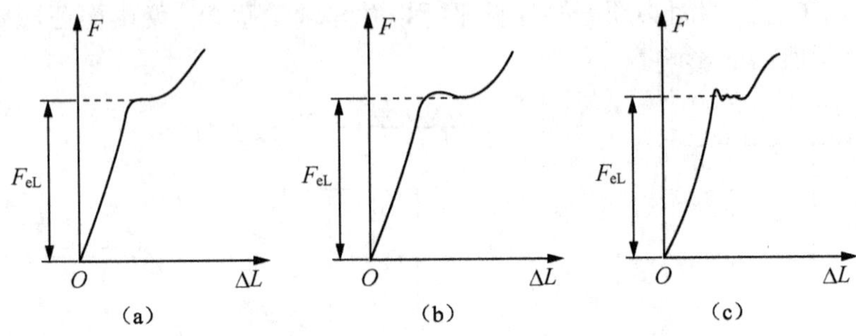

图 2-3　低碳钢压缩曲线图

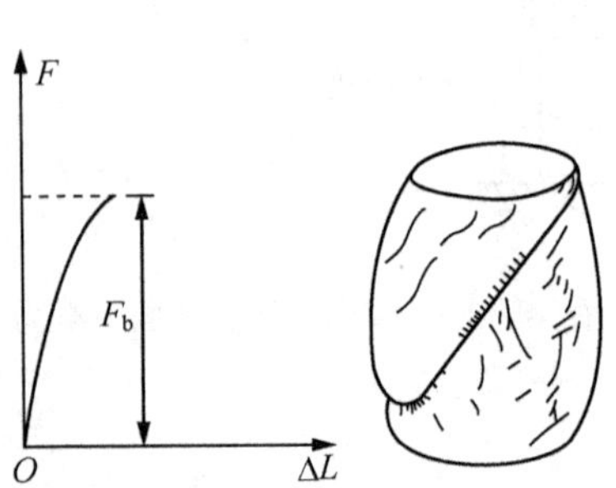

图 2-4　铸铁压缩曲线及破坏形状

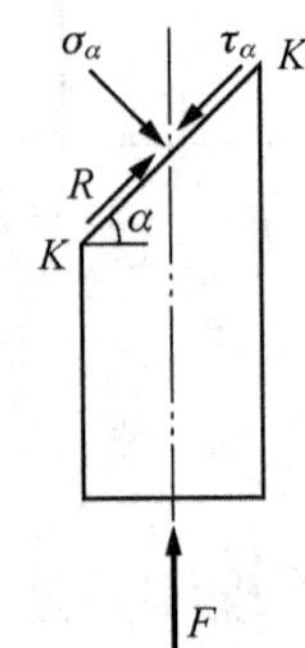

图 2-5　斜截面应力示意图

斜截面上的正应力 σ_α 是均匀分布在该剪断面上的法向应力，因为试件受压时沿剪断面有相对错动趋势。所以可设想在 σ_α 作用下，沿剪断面存在摩擦应力 R，这是材料内部的摩擦，摩擦因数为 $f=\tan\theta$（θ 为摩擦角）。摩擦应力 R 的方向与剪应力 τ_α 的方向相反，其大小为

$$R=f\sigma_\alpha=\sigma_0\cos^2\alpha\cdot\tan\theta$$

所以沿剪切面的应力总和为

$$\tau_\alpha-R=\frac{1}{2}\sigma_0\sin 2\alpha-\sigma_0\cos^2\alpha\tan\theta$$

在所有不同的 α 的斜截面上，剪断面 K—K 上应力（$\sigma_\alpha-R$）应为极大，即对 $\frac{1}{2}\sigma_0\sin 2\alpha-\sigma_0\cos^2\alpha\cdot\tan\theta$ 求导数，令其等于零：

$$\frac{\mathrm{d}}{\mathrm{d}\alpha}\left(\frac{1}{2}\sigma_0\sin 2\alpha-\sigma_0\cos^2\alpha\cdot\tan\theta\right)=\sigma_0\cos 2\alpha+\sigma_0\sin 2\alpha\cdot\tan\theta=0$$

所以

$$\cos 2\alpha + \sin 2\alpha \cdot \tan\theta = \cos 2\alpha (1 + \tan 2\alpha \cdot \tan\theta)$$
$$= \cos 2\alpha \cdot \frac{\tan 2\alpha - \tan\theta}{\tan(2\alpha - \theta)} = \frac{\sin 2\alpha - \cos 2\alpha \cdot \tan\theta}{\tan(2\alpha - \theta)} = 0$$

如果 $\sin 2\alpha - \cos 2\alpha \cdot \tan\theta = 0$，则 $\tan 2\alpha = \tan\theta$，所以 $2\alpha = \theta$；但若 $2\alpha = \theta$，那么分母 $\tan(2\alpha - \theta) = 0$，则上式成 $\frac{0}{0}$ 而为不定式。所以只能分母 $\tan(2\alpha - \theta) = \infty$，故 $2\alpha - \theta = 90°$，$\alpha = 45° \pm \frac{\theta}{2}$。这就说明了铸铁压缩时的破坏面是剪断面，并与试件横截面成 45°～55° 角。

2.2.5　实验步骤

（1）试件尺寸测量：测量试件中部截面相互垂直的两个方向的直径，并记录在实验报告表中，取两者的算术平均值为计算直径，并计算原始横截面面积 A_0、测量试件高度 h_0。

（2）选择量程范围，使机器处于待用状态：根据实验材料，估算出最大荷载，选择适当的量程范围，使机器活动平台上升 10mm 左右。现举一个选择量程的例子，如铸铁抗压强度的估计值为 $\sigma_b = 800\text{MPa}$，试件的直径 $d_0 = 10\text{mm}$，其横截面面积 $A_0 = 78.5\text{mm}^2$，则铸铁的抗压破坏荷载的估计值 $F_b = A_0 \cdot \sigma_b = 62.8\text{kN}$。如果使用 WD-300 型微机屏显液压万能材料试验机，力的量程范围就应该选择大于 70kN。

（3）安装试件：将试件放在试验机活动平台球形支承板上面垫块的中心位置，在试件上端加上垫块，罩上安全网，以免试件飞出伤人。

（4）进行实验：开动试验机，调整压缩空间，打开送油阀，使活动平台上升，当试件与上支承垫接近时关闭送油阀待用，具体操作方法按所使用机器型号见 1.1 节、1.2 节电子万能试验机和微机屏显液压万能材料试验机中的有关内容。

当试件与上支承垫接触受压后，要控制加载速度，使荷载缓慢均匀增加。注意观察力值和曲线的变化，判断和记录低碳钢屈服荷载 F_{eL}。低碳钢超过屈服荷载后继续加载，压力加到满量程的 80%即可停机卸载到零。采用同样的步骤记录进行铸铁压缩实验破坏时最大荷载 F_b，打开回油阀，使机器恢复到原位。观察破坏断口，分析破坏原因。

2.2.6　实验结果的处理

（1）低碳钢屈服荷载 F_{eL} =________N；计算低碳钢屈服极限 $\sigma_s = \frac{F_{eL}}{A_0}$。

（2）铸铁破坏荷载 F_b =________N；铸铁强度极限 $\sigma_b = \frac{F_b}{A_0}$（式中 A_0 是实验前试

件的横截面面积）。

（3）测量试件实验后的高度和中间截面的直径。

（4）按比例画出两种材料的 F-ΔL 曲线。画出试件破坏草图，并分析其破坏原因。

2.3 拉伸实验

2.3.1 实验目的

（1）测定低碳钢拉伸时的屈服极限 σ_s、强度极限 σ_b、延伸率 δ 和截面收缩率 Ψ。

（2）观察低碳钢拉伸过程中的弹性、屈服、强化、颈缩、断裂等现象。

（3）测定铸铁的强度极限 σ_b。

（4）比较两种材料的机械性质，绘制 F-ΔL 曲线。

2.3.2 实验仪器和设备

（1）电子万能试验机。

（2）游标卡尺。

（3）划线器。

进行拉伸实验时（图 2-6），为了确保试件轴向受力，同时减小试件形状尺寸对实验结果的影响，将测试材料按照国家标准（GB/T 228.1—2010）加工成比例试件或非比例试件，试件可制成圆形或矩形截面。圆截面比例试件：直径 d_0＝10mm；标距 L_0＝100mm（长试件），L_0＝50mm（短试件）。

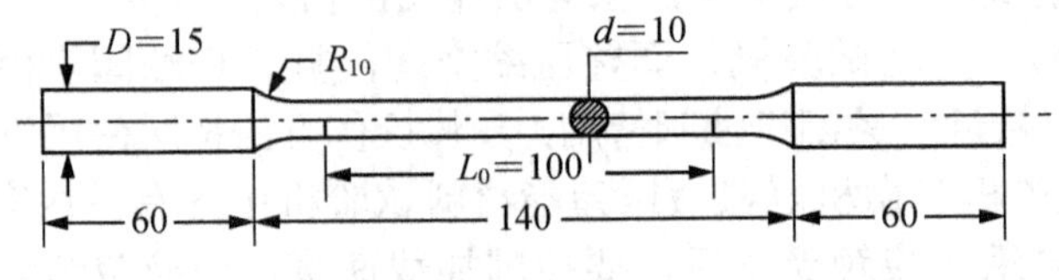

图 2-6 拉伸试件

比例试件是指标距 L_0 与试件横截面面积的平方根 $\sqrt{A_0}$ 有一定的比例关系，即 $L_0=K\sqrt{A_0}$，K 取 5.65 或 11.3，前者称为短试件，后者称为长试件，两端较粗部分是夹持段，中间为测试段，L_0 为标距。

圆截面比例试件为 $L_0=10d_0$ 或 $L_0=5d_0$，实验采用 d_0＝10mm 左右的圆截面比例试件。

2.3.3 实验原理和方法

单向拉伸实验是研究材料力学性能最基本、应用最广泛的实验。由实验提供的 E、

σ_s、σ_b、δ 和 Ψ 等指标是评定材质、进行强度和刚度设计的重要依据。实验通过电子万能试验机向试件施加轴向拉力来测定材料的有关力学性能参数，以拉力 F 为纵坐标，伸长量 ΔL 为横坐标，所绘出的实验曲线图形称为拉伸图，即 F-ΔL 曲线，由低碳钢拉伸图（图 2-7）可明显地看到其中包含 4 个阶段。

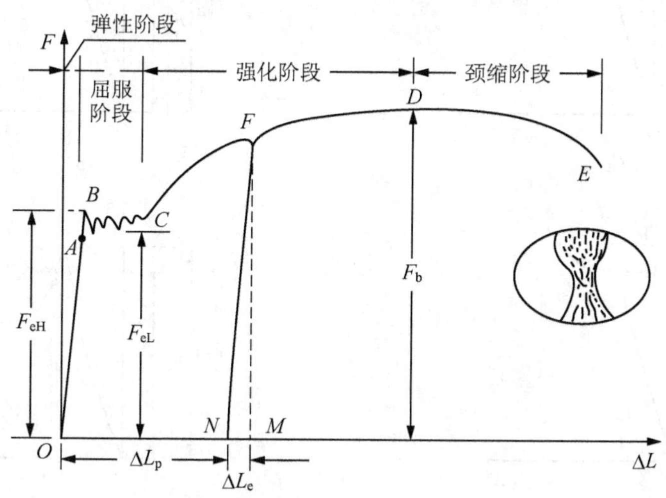

图 2-7　低碳钢拉伸图

（1）弹性阶段（OA 段）：在此阶段若卸载，绘图笔将沿原路返回到 O 点，变形完全消失，即弹性变形是可恢复的变形。力过 A 点后试件变形逐步变大拉力 F 和变形 ΔL 呈正比关系。

（2）屈服阶段（AC 段）：实验进行到 B 点以后，在试件继续变形情况下，拉力 F 却不再增加或呈下降，甚至反复多次上升和下降，使曲线呈锯齿波形；若试件加工表面粗糙度较好，可看到 45° 倾斜的滑移线。这种现象称为屈服，其特征值屈服极限 σ_s 表征材料抵抗永久变形的能力，是材料重要的力学性能指标。低碳钢在拉伸时的屈服力 F_s、上屈服力 F_{eH}、下屈服力 F_{eL}，即对应的屈服极限 σ_s、上屈服极限 σ_{sH}、下屈服极限 σ_{sL} 的确定方法如下：在屈服阶段，若荷载是恒定的［图 2-8（c）］，则此时的力称屈服力 F_s；若荷载下降或波动，则称首次下降前的最大力为上屈服力 F_{eH}［图 2-8（a）、（b）、（d）］；第一个波谷后的最小力称为下屈服力 F_{eL}。第一个波谷不仅是材料屈服的结果，还受实验系统和记录系统的惯性守恒影响，称为“初始瞬时效应”，与加载速度等因素有关，故不计在内。若只有一次下降波动，则规定波动的最小力为下屈力 F_{eL}。本实验测定低碳钢的屈服力 F_s 或下屈服力 F_{eL}。

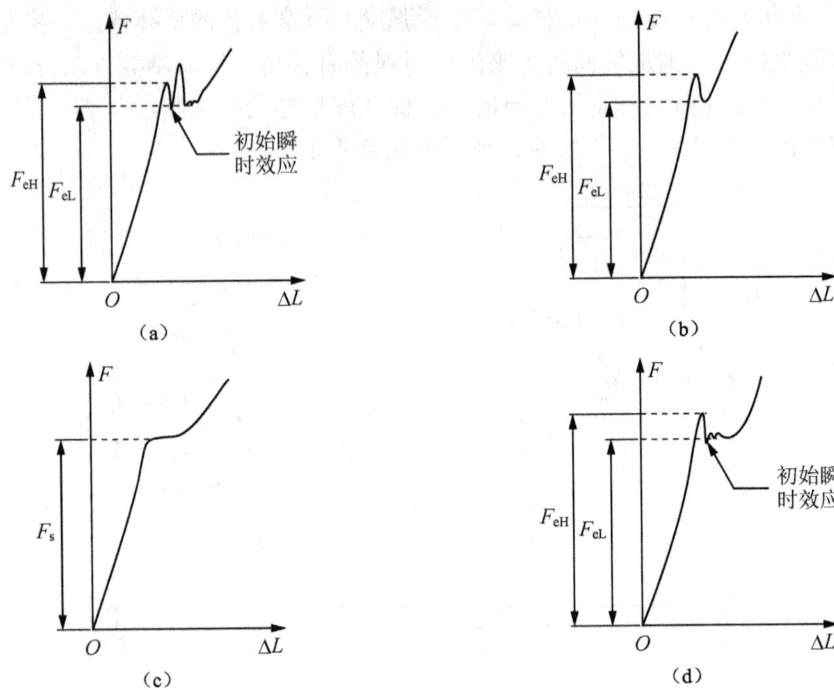

图 2-8　屈服极限的几种类型

（3）强化阶段（*CD* 段）：过了屈服阶段（*C* 点）后，力又开始增加，曲线亦趋上升，说明材料结构组织发生了变化，得到强化，需要增加荷载才能使材料继续变形。随着荷载的增加，曲线斜率逐渐减小，直至 *D* 点到达峰值，该点为抗拉极限荷载，即试件能承受的最大荷载。此阶段（*CD* 段）称为强化阶段，若在强化阶段某点（如图 2-7 中的 *F* 点）卸载，可以看到绘图笔沿与 *OB* 近似平行的直线 *FN* 降到 *N* 点；若再加载，它又沿原直线 *NF* 上升到 *F* 点，说明为线弹性关系，只是比原弹性阶段提高了。*F* 点的变形可以分为两部分，即可恢复的弹性变形（*NM* 段）和永久的塑性变形（*ON* 段）。这种在室温下冷拉过屈服阶段后呈现的性质称冷作硬化，在工程中常作为一种工艺手段，以提高金属材料的线弹性范围，但此工艺同时削弱了材料的塑性。如图 2-7 所示，冷拉后的断后伸长比原来的断后伸长减少了。这种冷作硬化性质，只有经过退火处理才能消失。

（4）颈缩阶段（*DE* 段）：当试件到达最大荷载 F_b 后，力值开始减小，塑性变形开始在局部进行。局部截面急剧收缩，承载面积迅速减少，试件承受的荷载很快下降，直至断裂。低碳钢断裂时有很大的塑性变形，断口为杯状，周边为 45° 的剪切唇，断口组织为暗灰色纤维状，因此是一种典型的韧状断口，如图 2-9（a）、（b）所示。

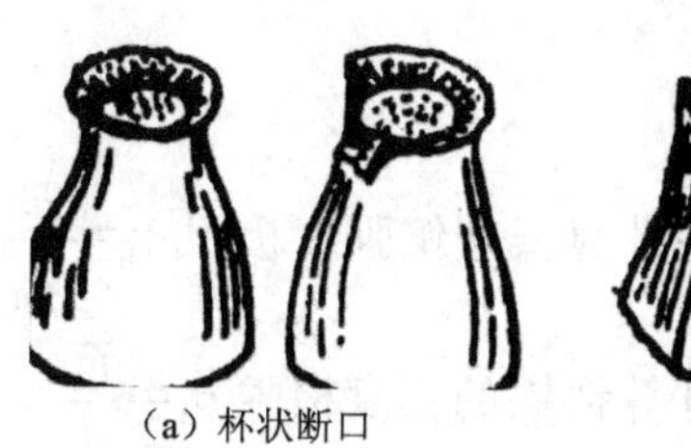
（a）杯状断口

（b）矩形断口

（c）结晶体断口

图 2-9　典型材料的拉伸破坏断口

铸铁是典型的脆性材料，其拉伸曲线如图 2-10 所示。没有屈服和颈缩现象，在变形很小的情况下突然发生脆断。铸铁断口与正应力方向垂直，断面平齐为闪光的结晶状组织［图 2-9（c)］是一种典型的脆状断口。

图 2-10　铸铁拉伸图

2.3.4　实验步骤

（1）试件尺寸测量：用游标卡尺在试件标距两端和中间部位 3 个截面处分别沿相互垂直的两个方向各测一次直径，记录在实验报告表格里，并计算这 3 处的平均值，取 3 个平均直径中最小者计算原始横截面面积 A_0。在低碳钢拉伸试件的工作段长度内，用划线器每隔 10mm 划一标记，工作段均匀地分为 10～13 格，以便观察变形沿轴向分布的情况，并测 10 格长度（原长 L_0＝100mm）用于计算延伸率。

（2）选择量程范围：使机器处于待用状态，根据实验材料估算出最大荷载，参考压缩实验选择适当的量程。

（3）安装试件：将试件安装在试验机上夹头中，调整下夹头到适当位置，将试件下端夹在下夹头中。

（4）进行实验：具体操作方法按所使用机器型号见 1.1 节、1.2 节中的有关内容。缓慢打开送油阀，使试件缓慢均匀受力。并注意观察 F-ΔL 曲线的变化，在屈服阶段确定和记录屈服荷载 F_s 或下屈服荷载 F_{sL}，并注意观察试件表面 45° 滑移线。低碳钢超过屈服荷载后继续加载进入强化阶段，在强化阶段观察冷作硬化现象，在断裂时注意观察颈缩现象，记录最大极限荷载 F_b，观察破坏断口，分析破坏原因。

采用同样的步骤进行铸铁拉伸实验，破坏时记录最大荷载 F_b，打开回油阀，使机器恢复到原位。观察破坏断口，分析破坏原因。

2.3.5　实验结果的处理

（1）强度指标计算（式中 A_0 是实验前试件的最小横截面面积）。

① 低碳钢（下）屈服荷载（F_{eL}）F_s＝________N；计算低碳钢屈服极限或下屈

服极限 $\sigma_s=\frac{F_s}{A_0}$ 或 $\sigma_{sL}=\frac{F_{eL}}{A_0}$ 。

② 低碳钢破坏荷载 F_b =________N；计算低碳钢强度极限 $\sigma_b=\frac{F_b}{A_0}$ 。

③ 铸铁破坏荷载 F_b =________N；计算铸铁的强度极限 $\sigma_b=\frac{F_b}{A_0}$ 。

（2）塑性指标计算。

① 低碳钢延伸率（δ_{10}）：指试件拉断后，标距内（10 格）的伸长量与原始标距 L_0 的百分比，即

$$\delta_{10}=\frac{L_1-L_0}{L_0}\times 100\%$$

式中，L_1 是试件断裂后的原标距所测的长度。

对于塑性材料，断裂前变形主要集中在颈缩区段，这部分变形最大，距离断口位置越远，变形越小，于是断口发生在标距内的不同位置，量取的 L_1 也会不同。为了具有可比性，当断口不在标距中部 $L_0/3$ 长度区段内时，需采用断口移中的方法，即在长段上取离断口近似一半标距格数的标记点 C，短段上取标距端 A，量取 AC 段长度；再从 C 点向断口方向量取 CB 段的格数＝标距格数－AC 段的格数，则 $L_1=\overline{AC}+\overline{CB}$ 或 $L_1=\overline{AB}+2\overline{BC}$，如图 2-11 所示。如果采用试件为 $L_0=10d_0$，则延伸率用 δ_{10} 表示；若采用试件为 $L_0=5d_0$，则延伸率用 δ_5 表示。铸铁延伸率（δ_5）只取 5 格，直接量取进行计算。

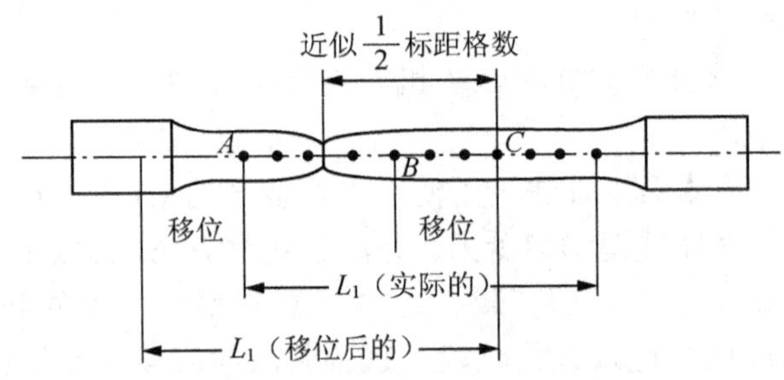

图 2-11　断口移中示意图

② 截面收缩率（ψ）：指试件拉断后，颈缩处横截面面积的最大收缩量与原始横截面面积的百分比，即

$$\psi=\frac{A_0-A_1}{A_0}\times 100\%$$

（3）按比例画出两种材料的 F-ΔL 曲线。画出试件破坏草图，并分析其破坏原因。

2.4 拉伸弹性模量的测定实验

2.4.1 实验目的

（1）测定低碳钢的弹性模量 E。

（2）验证胡克定律。

2.4.2 实验仪器和设备

（1）万能材料试验机。

（2）游标卡尺。

（3）球铰式引伸仪或电子引伸计。

2.4.3 实验原理和方法

单向拉伸时，材料在比例极限范围内服从胡克定律，应力和应变呈正比关系，即 $\sigma=E\times\varepsilon$，比例系数 E 称弹性模量。在 σ-ε 曲线上，E 是比例极限范围内直线的斜率，代表材料抵抗弹性变形的能力。工程上常把 E 称为材料刚度。E 是弹性元件选材的重要依据，是力学计算的重要参量。

测量时，实验在初始阶段由于多种因素造成的误差较大，因此实验宜从初荷载 F_0（$F_0\neq0$）开始。与 F_0 对应的引伸仪读数可预调到零，也可设定为一初读数，实验荷载采用增量法，给试件分 4～5 级加载，每级拉力增量为 ΔF，则引伸仪测出相应的伸长增量为 $\varDelta(\Delta L)$mm，若各次测得的伸长增量基本上相等，就验证了胡克定律。将所测得变形增量的平均值 $\overline{\varDelta(\Delta L)}$ 代入下面公式，即可计算出弹性模量 E 值。

$$E=\frac{\Delta F\times L_0}{A_0\times\overline{\varDelta(\Delta L)}}$$

2.4.4 实验步骤

（1）原始尺寸测量：实验所用试件和拉伸试件相同，如图 2-6 所示，用游标卡尺在试件标距两端和中间部位 3 个截面处分别沿相互垂直的两个方向各测一次直径，取 3 处直径的算数平均值作为计算直径之用，以计算横截面面积 A_0。

（2）选择加载方案：根据低碳钢材料 $\sigma_p=200$MPa，估算出最大弹性荷载 $F_p=A_0\sigma_p$，确定增量荷载 ΔF（一般为 2kN）。

（3）安装试件和引伸仪：将试件安装在试验机上夹头中，调整下夹头到适当位置，再将试件下端夹在下夹头中，安装引伸仪（参照 1.8 节球铰式引伸仪或 1.9 节电子引伸计）。

（4）进行实验：具体操作方法按所使用机器型号见 1.1 节、1.2 节电子万能试验机和微机屏显液压万能材料试验机中的有关内容。分组分工负责，力缓慢加到 2kN 时注意观察力和变形变化是否正常，如果正常继续缓慢加载到 F_0＝4kN，从引伸仪表（或微机屏幕）上读取第一个读数，以后荷载每增加ΔF＝2kN 时从引伸仪（或微机屏幕）上读取一次变形数。机器操作人员和变形读取人员一定要配合得当，在各测点处，机器操作人员用口令指挥读取人员同时读取变形值，并做记录，直到全部测点进行完毕，计算出各级变形增量$\varDelta(\Delta L)$。若变形增量基本相等，实验结束；否则，将荷载卸到 F_0 重新实验，当得到满意测试数据时，实验结束，卸下引伸仪，打开回油阀，使机器恢复到原位。当和拉伸实验用同一根试件时，按 2.3 节内容继续进行拉伸实验。

2.4.5　实验结果的处理

将本实验相关测量数据填入表 2-1 中。

表 2-1　测量数据

荷载 F/N	荷载增量 F/N	引伸计读数/mm	
		变形ΔL	变形增量$\varDelta(\Delta L)$
平均值ΔF＝		$\Delta\delta$＝	

弹性模量：

$$E=\frac{\Delta F\times L_0}{A_0\times\overline{\varDelta(\Delta L)}}$$

式中，A_0为实验前试件的平均横截面面积；ΔF 为荷载增量；L_0为工作段标距长度；$\overline{\varDelta(\Delta L)}$ 为平均变形增量。

2.5　扭 转 实 验

金属材料扭转时的力学性能对受扭矩作用的构件十分重要，用圆柱形试件做扭转实验时，试件表面处于纯剪应力状态，如图 2-12 所示，其最大剪应力和正应力绝对值相等，夹角为 45°，因此扭转实验可以明显地区别材料的断裂方式是拉断还是剪断。扭转时由于表面上应力和应变最大，可用扭转实验检验材料的表面缺陷，如表面淬火微裂纹等。

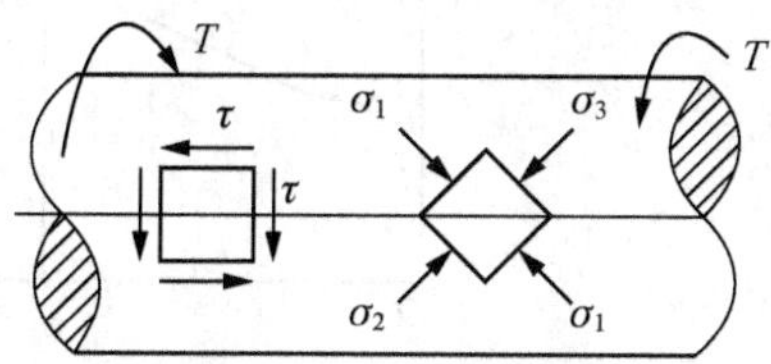

图 2-12　圆轴受扭表面应力状态

2.5.1　实验目的

（1）测定低碳钢的剪切屈服极限 τ_s、剪切强度极限 τ_b、单位扭转角 φ'。

（2）测定铸铁的剪切强度极限 τ_b。

（3）观察低碳钢和铸铁在受扭过程中的变形现象和破坏形式，分析破坏原因，绘制 T-$\Delta\varphi$ 曲线。

2.5.2　实验仪器和设备

（1）扭转试验机。

（2）游标卡尺。

2.5.3　实验试件

低碳钢扭转标准试件采用 d_0＝10mm、L_0＝100mm 或 L_0＝50mm 的圆截面试件。试件两端夹持部分的截面形状视试验机夹头的形式而定。本实验所用的试件为圆形截面试件，如图 2-13 所示。

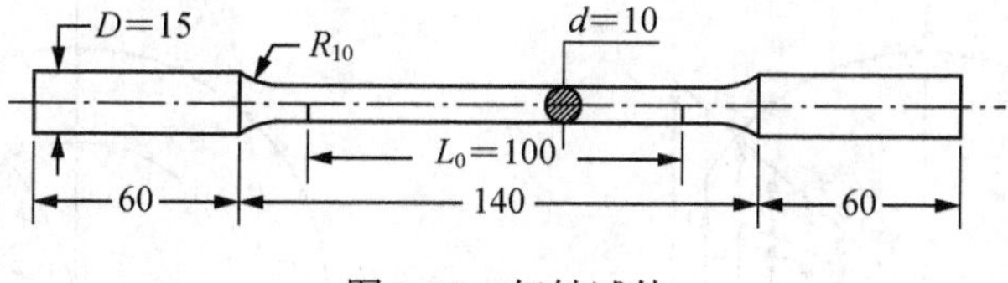

图 2-13　扭转试件

2.5.4　实验原理和方法

将试件两夹持段夹持在扭转试验机夹头上，实验时，一个夹头固定不转，另一个夹头绕试件轴线转动，从而对试件施加了扭矩和扭转变形。从试验机上可读得所需的扭矩和扭转角，试验机绘出的铸铁扭转曲线，如图 2-14 所示，低碳钢扭转曲线如图 2-15 所示。

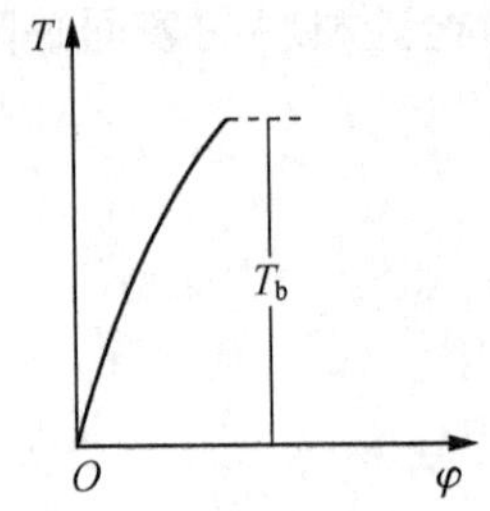

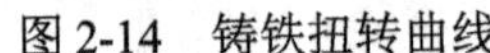

图 2-14　铸铁扭转曲线

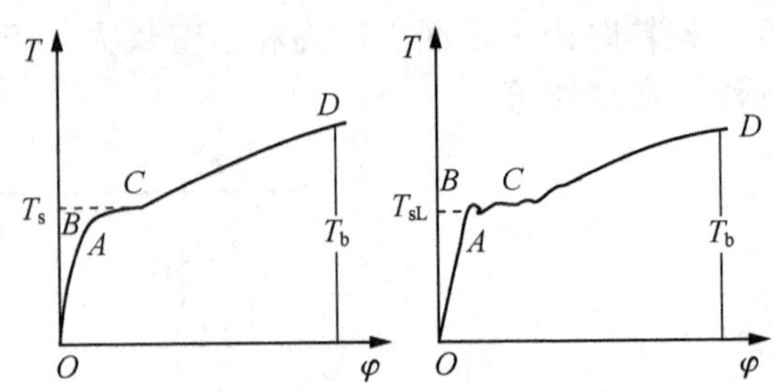

图 2-15　低碳钢扭转曲线

低碳钢试件在受扭的最初阶段，扭矩 T 和扭转角 φ 呈正比关系，试件横截面上的剪应力呈线性分布，如图 2-16 所示。边缘处剪应力最大，其值为 $\tau=\dfrac{16T}{\pi d^3}$，在圆心处剪应力为零，当材料进入屈服阶段时扭矩突然下降，此后扭矩以不大的幅度波动，试件继续变形，屈服从试件表层向圆心扩展，如图 2-16 所示。试件横截面上剪应力的分布不再是线性的，如图 2-16（b）所示，即在试件外部区域，材料发生屈服形成环形塑性区。随着扭转变形的增加，塑性区不断向圆心扩展，直至整个横截面全部达到屈服剪应力为止，即屈服结束。在屈服过程中，屈服阶段为平直线时取屈服扭矩 T_s，扭矩上、下波动时取最小值为下屈服扭矩 T_{sL}。过了屈服阶段（C 点）后，材料进入强化阶段，随着扭矩的增加，产生较大的塑性变形。当扭矩达到最大值 T_b（图 2-15 中的 D 点）时，试件发生剪切破坏，其破坏断口如图 2-17 所示。根据国家标准 GB 10128—2007 规定，扭转屈服极限 $\tau_s=\dfrac{T_S}{W_p}$ 或 $\tau_{sL}=\dfrac{T_{sL}}{W_p}$；扭转强度极限 $\tau_b=\dfrac{T_b}{W_p}$，式中 $W_p=\dfrac{\pi d^3}{16}$ 为试件的扭转截面系数。

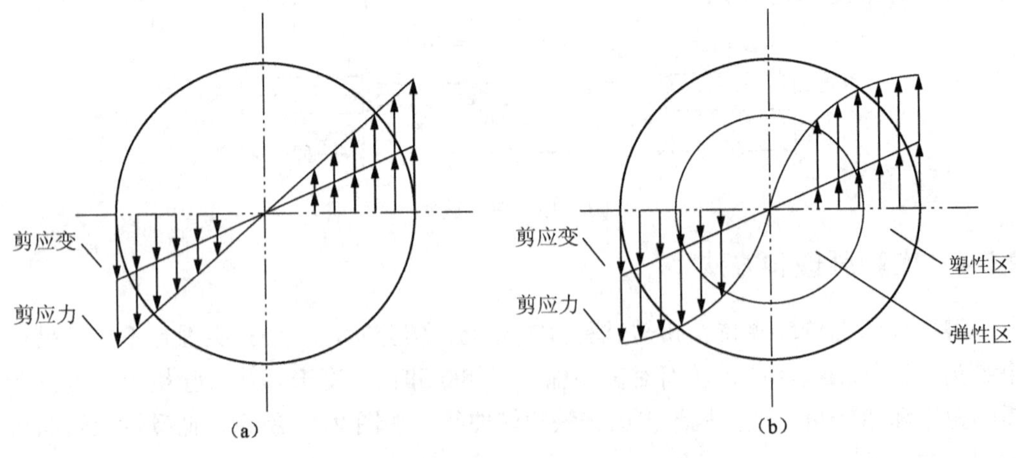

图 2-16　低碳钢圆轴在不同扭矩下的剪应力分布

铸铁试件受扭时，在变形很小的情况下突然发生破坏，其 $T-\varphi$ 曲线如图 2-14 所示，呈非线性。试件断裂时的扭矩值为 T_b，其破坏断口是与轴线成 45° 螺旋面，由拉应力引起的破坏如图 2-18 所示。扭转强度极限与低碳钢试件的计算方式相同。

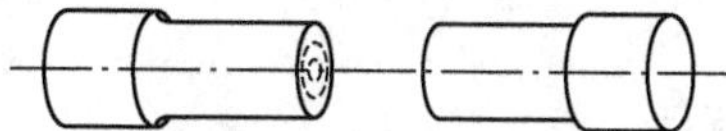

图 2-17　低碳钢扭转时剪应力引起的破坏

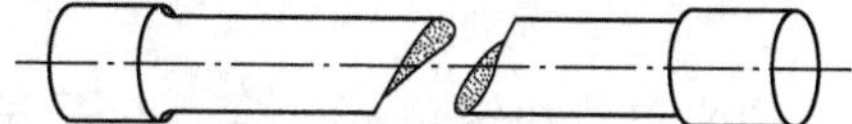

图 2-18　铸铁扭转时拉应力引起的破坏

圆截面试件受扭矩作用时，材料处于纯剪应力状态，如图 2-12 所示，在试件表面取一单元体，其剪应力为最大，在与轴线方向成±45° 角的斜面上正应力为最小和最大，根据试件破坏断口可以判断低碳钢是由剪应力引起的破坏，铸铁试件是由拉应力引起的破坏。

2.5.5　实验步骤

（1）试件尺寸测量：用划线器在试件工作段（标距）两端划上标记，用游标卡尺在试件标距两端和中间部位，分别沿相互垂直的两个方向各测一次直径，并计算这 3 处的平均值，取 3 个平均直径中最小者作为计算直径，并计算抗扭截面模量 W_P。

（2）输入有关参数：实验使用 NWS 型扭转试验机，参见 1.3.3 节，接通计算机电源开关，单击扭转试验程序图标，进入扭转控制程序主界面，打开扭转试验机电源开关，单击扭转控制程序主界面上的联机按钮，听到联机声响后表示联机成功，单击扭转控制程序主界面左上方的“方法”按钮将出现下拉式菜单，单击对应材料的使用方法后，输入试件最小直径，单击确认使机器处于待用状态。

（3）安装试件：将试件一端安装在试验机固定夹头中，调整主动夹头到适当位置，再将试件另一端安装在主动夹头中。安装试件时一定注意试件对中，用粉笔在试件上沿轴线方向画一直线，以观察扭转变形情况。

（4）进行实验：实验前先将扭矩、扭转角利用鼠标右键清零，单击开始就可按设置的控制程序进行实验。试件破坏后试验机自动停止，确认实验有效后读取实验数据。

（5）实验使用 TCN-1000 型微机屏显扭转试验机时参考 1.3.2 有关内容。

（6）实验使用 NJ-100B 型扭转试验机时参考 1.5 有关内容。

2.5.6　实验结果的处理

（1）低碳钢的屈服扭矩 T_{sL} =________N · m；计算低碳钢的屈服极限 $\tau_{sL}=\frac{T_{sL}}{W_p}$ 和

强度极限 $\tau_b=\dfrac{T_b}{W_p}$，单位扭转角 $\varphi'=\dfrac{\varphi}{L_0}$，$L_0$ 是试件实验前的标距。

（2）铸铁的扭转破坏扭矩 $T_b=$________N · m；计算铸铁的扭转强度极限 $\tau_b=\dfrac{T_b}{W_p}$。

（3）单位扭转角 $\varphi'=\dfrac{\varphi}{L_0}$，$L_0$ 是试件实验前的标距。

（4）按比例画出两种材料的 T-φ 曲线。画出试件破坏草图，并分析其破坏原因。

2.6　剪切弹性模量的测定实验

2.6.1　实验目的

（1）测定低碳钢的剪切弹性模量 G。

（2）验证剪切胡克定律。

2.6.2　实验仪器和设备

（1）剪切弹性模量 G 值测定实验台。

（2）百分表式测角仪。

（3）游标卡尺。

实验台有关参数：试样直径 $d=10$mm，标距 $L_0=220$mm，表臂 $\rho=130$mm，加力臂长 $R=200$mm。砝码 5 个，每个重 $\Delta F=4.9$N。$E=206$GPa，$\mu=0.28$。

2.6.3　实验原理和方法

剪切弹性模量测定实验台如图 2-19 所示，试样左端通过压板固定在支架上，试样右端穿过轴承可在支架上转动并与加力臂固接，试件工作段两端各固定一转角臂，右转角臂通过平面挡板与百分表顶杆相接触，在力臂上通过砝码加载，加载后在试件上产生扭矩，通过百分表测量两个截面（标距 L_0）转过的弦长，即可计算出两个截面的相对扭转角和 G 值。

在弹性范围内进行圆截面试样扭转实验时，扭矩 T 与扭转角 φ 之间的关系符合扭转变形的胡克定律 $\tau=G\cdot\gamma$，可推出 $\varphi=\dfrac{TL_0}{GI_p}$，式中 $I_p=\dfrac{\pi d^4}{32}$ 为截面的极惯性矩。试样长度 L_0 和极惯性矩 I_p、扭矩增量 ΔT 均为已知，只要测得试样标距 L_0 相应的扭转角增量 $\Delta\varphi$，可由式 $G=\dfrac{\Delta TL_0}{\Delta\varphi I_p}$ 计算得到材料的剪切弹性模量。

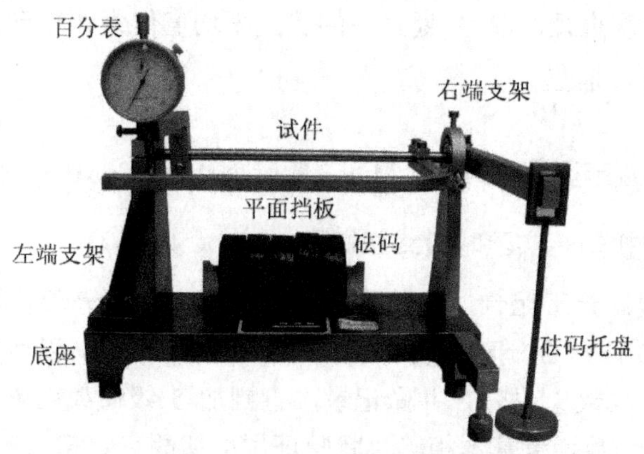

图 2-19　剪切弹性模量测定实验台

实验时通过砝码加载，每加一个砝码（$\Delta F=4.9\text{N}$），在试件上增加的扭矩为 $\Delta T=R\Delta F$，$R=200\text{mm}$，为力臂长度，百分表就有一个读数（N 格），共加 5 级，有 4 个增量，取其平均值除 100 即单位为 mm。当在扭转试验机上测 G 值时，扭矩从扭转试验机上读取，扭转角 φ 的测量是通过百分表式扭角仪来完成的，和上述原理基本相同。如图 2-20 所示，百分表式扭角仪由两个夹具和一个百分表组成，夹具 1 上可安装一个百分表 4，百分表顶杆到试件截面中心的距离为 ρ，夹具 2 上有一平面挡板，将夹具 1、2 分别固定在试件 3A、B 两个截面上，A、B 两个截面的距离为 L_0，调整两个夹具使平面挡板与百分表的顶杆相接触。当试件受扭后，两个截面发生相对转动，百分表因此而产生读数，此读数即为百分表测杆到试件轴线的转动弦长 δ（一格为 1/100mm），由于所测变形很小，弦长近似等于弧长，则截面 A 与 B 之间的相对扭转角为 $\varphi=\delta/\rho$（弧度）。

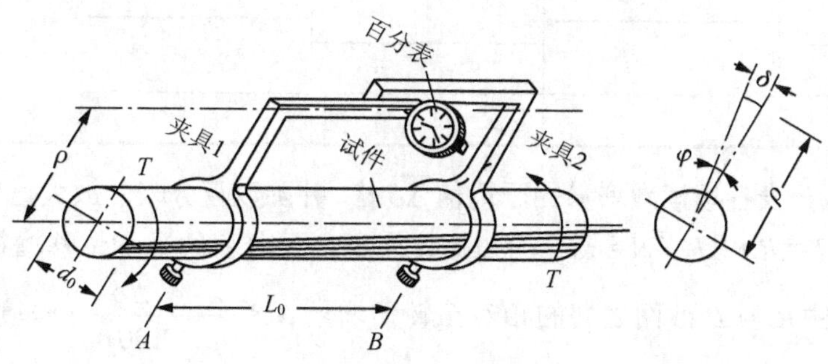

图 2-20　百分表式扭角仪

2.6.4　实验步骤

（1）试件尺寸测量：用游标卡尺在试件标距两端和中间部位，分别沿相互垂直的两个方向各测一次直径，取 3 处直径的算数平均值作为计算直径之用，以计算试件的抗扭截面模量 $W_T=\dfrac{\pi d^3}{16}$。

（2）选择加荷载范围：根据实验材料，低碳钢 $\sigma_p=200\text{MPa}$，由公式 $T_p=\dfrac{W_T\sigma_p}{\sqrt{3}}$ 估算出最大弹性极限扭矩，实验时最终扭矩取 $0.8T_p$（N・m）。

（3）进行实验：分工配合，实验采用增量法，先将百分表长指针调零（用手转动表盘），加一个砝码从百分表上读取第一个初读数 δ_0（格），以后每增加一个砝码时从百分表上读取一次数 δ_i（格），并做记录，直到加 5 级荷载完毕，计算出各级读数增量 $\Delta\delta_i$（格），若读数增量基本相等，就验证了剪切胡克定律，实验结束。

（4）卸去砝码，使实验台或机器恢复到原位。

2.6.5 实验结果的处理

将本实验相关数据填入表 2-2 中。

表 2-2 测量数据

扭矩 T/（N・m）	扭矩增量 T/（N・m）	百分表式测角仪百分表读数		剪切弹性模量 G/MPa
		读数 δ_i/格	增量 $\Delta\delta_i$/格	
				$G=\dfrac{\Delta T\times L_0}{\Delta\varphi\times I_p}=\dfrac{100\times\rho\times\Delta T\times L_0}{\overline{\Delta\delta}\times I_p}$
平均值 $\Delta T=$		$\overline{\Delta\delta}=$		

计算出百分表各级读数增量的平均值 $\overline{\Delta\delta}$ 格，并除以百分表的放大倍数（$K=100$），即得试件在 $\Delta T=R\cdot\Delta F$（N・m）的扭矩作用下，百分表的平均位移增量 $\delta=\overline{\Delta\delta}/100$（mm），则试件 A 与 B 截面之间的相对扭转角增量 $\Delta\varphi=\dfrac{\delta}{\rho}=\dfrac{\overline{\Delta\delta}}{100\rho}$（弧度），则剪切弹性模量为 $G=\dfrac{\Delta TL_0}{\Delta\varphi I_p}$。

2.7　规定非比例伸长应力的测定实验

2.7.1　实验目的

（1）测定金属材料规定的非比例伸长应力$\sigma_{p0.2}$。

（2）了解材料规定非比例伸长应力$\sigma_{p0.2}$的测试方法。

2.7.2　实验设备

（1）电子万能试验机或微机屏显液压万能材料试验机。

（2）打印机。

2.7.3　实验原理

工程中常会遇到到一些金属材料没有明显的屈服阶段，如青铜、铝合金等，其拉伸曲线从弹性直线段到弹性塑性段是光滑过渡的。因此对于无明显屈服现象的金属材料的屈服强度，只能用规定塑性变形量的方法来测定，这时一般就要测规定非比例伸长应力σ_p。规定非比例伸长应力就是非比例伸长率等于规定的引伸计标距的百分率时的应力，使用的符号应附以下脚标注说明所规定的百分率，如$\sigma_{p0.01}$、$\sigma_{p0.05}$、$\sigma_{p0.2}$等，$\sigma_{p0.2}$是对应于塑性应变$\varepsilon_p=0.2\%$时的规定非比例伸长应力或屈服强度，这是人为规定的条件屈服应力。目前，一般电子万能试验机带有电子引伸计，且具有数据自动采集和数据处理功能，实验结束后应用程序会自动计算出规定非比例伸长应力或屈服强度。对于一般电子万能试验机，在测量规定非比例伸长应力时，从实验曲线F-ΔL曲线先找到规定非比例伸长力F_p，再通过公式$\sigma_p=\dfrac{F_p}{A_0}$计算出规定非比例伸长应力。有两种常用计算方法，图解法和逐步逼近法。

1. 图解法

对于有明显弹性直线段的金属材料，图解法是根据试验机绘出的F-ΔL曲线，测定规定非比例伸长力F_p值，在曲线图上划一条与曲线的弹性直线段平行的直线OB，计算规定非比例伸长量$\overline{OC}=L_0\cdot 0.2\%$，式中$L_0$为引伸计的标距，在伸长轴线上找到$C$点，过$C$点作平行于$OB$的直线$AC$，平行直线$AC$与曲线的交点$A$所对应的$F$值就是所求规定非比例延伸强度的$F_p$值。此力除以试件原始横截面面积就得到规定非比例伸长强度值$\sigma_{p0.2}=\dfrac{F_{p0.2}}{A_0}$，如图 2-21 所示。

2. 滞后环法

对于在 F–ΔL 曲线上无明显弹性直线的材料，对试件施加力到预期规定非比例伸长应力 $\sigma_{p0.2}$ 的相应力值后，再将力缓慢卸载至约为前面所加力值的 10%，然后继续缓慢加力到超过前面的最大力值 10%，正常情况下绘出的 F–ΔL 曲线将形成一个闭环，如图 2-22 所示。过闭环两点 D、B 作一直线，在伸长轴线上找到 C 点，过 C 点作平行于 DB 的直线 CA，平行直线 CA 与曲线的交点 A 所对应的 F 值就是所求规定非比例延伸强度的 F_p 值。此力除以试件原始横截面面积就得到规定非比例延伸强度值 $\sigma_{p0.2}=\dfrac{F_{p0.2}}{A_0}$，如图 2-22 所示为右滞后环法；如果 CA 直线位于滞后环右侧，则以 CA 直线与包络线的交点 A 所对应的力 F 作为规定非比例延伸强度的 F_p 值，如图 2-23 为左滞后环法。

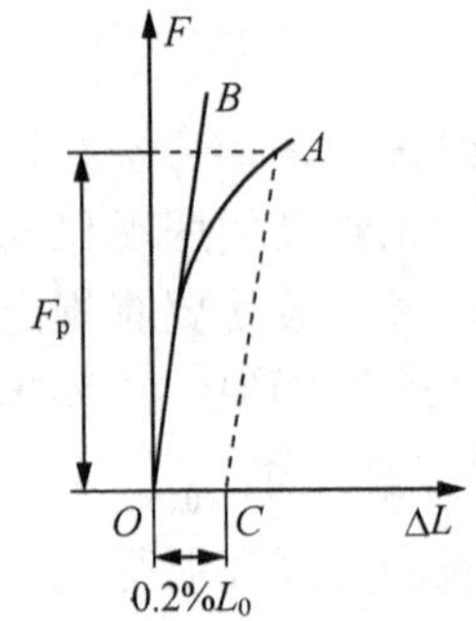

图 2-21　F–ΔL 曲线

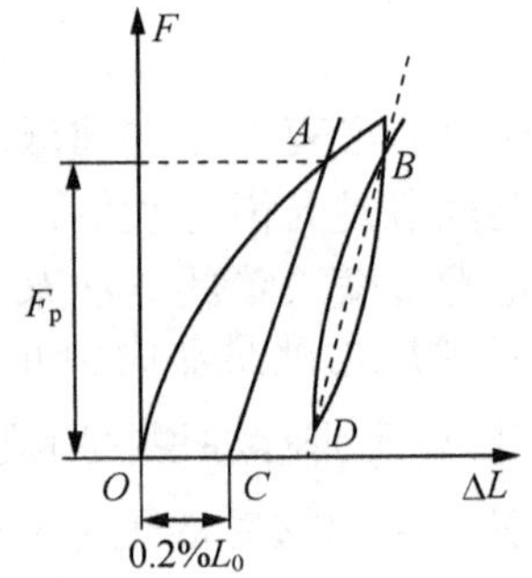

图 2-22　右滞后环法

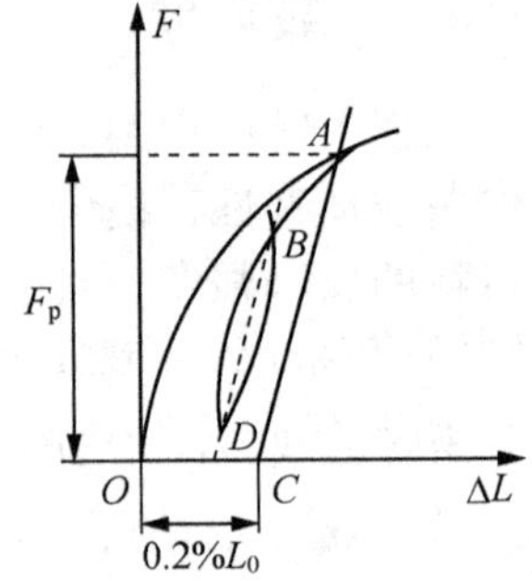

图 2-23　左滞后环法

3. 逐步逼近法

对于 F–ΔL 曲线无明显弹性直线的材料，可采用逐步逼近法，从实验 F–ΔL 曲线上估计选一点 A_0 为规定非比例伸长率等于 0.2%时的力 $F_{p0.2}^0$，在曲线上分别确定荷载为 $0.1F_{p0.2}^0$ 和 $0.5F_{p0.2}^0$ 的 B_1、D_1 两点，从曲线的坐标原点 O 起截取相应于规定非比例伸长的 OC 段，即 $\overline{OC}=0.2\%\cdot L_0$，过 C 点作直线 CA_1 平行于直线 B_1D_1，平行线 CA_1 交曲线于 A_1 点，当 A_1 点与 A_0 点重合时，则 $F_{p0.2}^0$ 为规定非比例伸长率为 0.2%时的荷载，这时 B_1D_1 直线的斜率一般也可以作为确定其他规定非比例伸长应力的基准。

当 A_1 点与 A_0 点不重合时，则需要按上述方法进行进一步逼近，此时重取 A_1 点荷载 $F_{p0.2}^1$，分别取荷载为 $0.1F_{p0.2}^1$ 和 $0.5F_{p0.2}^1$ 的 B_2、D_2 两点，然后过 C 点作 B_2D_2 的平行线交于曲线 A_2 点，如此重复进行，直至最后一次得到的交点和前一次重合为止，如图 2-24 所示。此力除以试件原始横截面面积就得到规定非比例延伸强度值。

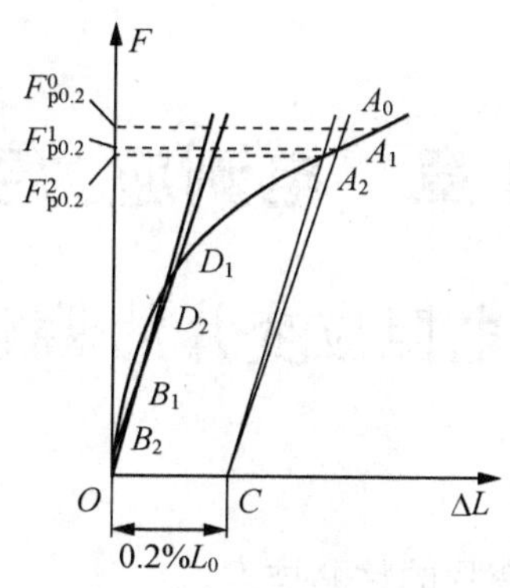

图 2-24　逐步逼近法

2.7.4　实验步骤

（1）按照拉伸实验的要求，测量试件工作段 3 个截面的直径，取其平均值作为计算直径。

（2）启动计算机和试验机，建立实验文件，输入有关参数和需要测试的参数，如 $\sigma_{p0.2}$，安装试件，选用 F-ΔL 曲线作图。

（3）在试件工作段安装电子引伸计或其他引伸计。

（4）按操作规程进行实验。

2.7.5　实验结果的处理

（1）使用电子万能试验机时直接分析出 $\sigma_{p0.2}$。

（2）使用微机屏显液压万能材料试验机时，先打印出 F-ΔL 曲线，在图上按上述方法进行分析处理，找到 F_p 值，计算出 $\sigma_{p0.2}$。

第 3 章　电测应力实验

3.1　电阻应变片的粘贴技术

3.1.1　实验目的

（1）掌握常温用电阻应变片的粘贴技术。

（2）学会布片、焊接导线、检查应变片粘贴质量等技术工艺。

3.1.2　实验仪表和器材

（1）模拟试件（小钢板）。

（2）电阻应变片。

（3）数字万用表。

（4）兆欧表。

（5）粘结剂：502 胶、CH31 双管胶（环氧树脂）。

（6）丙酮、棉球。

（7）镊子、划针、角磨机、砂纸、刮刀、塑料薄膜、胶带纸、电烙铁、焊锡、焊锡膏等。

（8）接线端子、短引线。

3.1.3　电阻应变片测量应变的基本原理

用电阻应变片测量应变时，要将应变片粘贴到试件上，当试件发生变形时，应变片会随着一起变形，这时应变片中的电阻丝会因机械变形而发生变形，从而导致电阻值发生变化。电阻值的变化和结构的变形呈一定的比例关系，这就是用电阻应变片测量应变的基本原理。

由上述原理可以看出，首先，要保证应变片与被测物体共同产生变形；其次，要保证电阻应变片本身的电阻值的稳定，才能得到准确的应变测量结果，这是粘贴应变片的基本原则。应变片本身的质量和粘贴质量的好坏对测量结果影响很大，应变片必须牢固地粘贴在试件的被测测点上，因此对粘贴技术要求十分严格。为保证粘贴质量和测量正确，要求如下：

（1）认真检查、分选电阻应变片，将阻值接近的应变片放在一起使用，以便仪器能调平衡。

（2）测点基底平整、清洁、干燥，且使贴片构件温度在 20℃左右，使应变片能够牢固地粘贴到试件上，不脱落，不翘曲，不含气泡。

（3）粘结剂的电绝缘性好，化学性质稳定，工艺性能良好，并且蠕变小，粘贴强度高，温、湿度影响小，以确保粘贴质量，并使应变片与试件绝缘，保证电阻应变片电阻值的稳定。

（4）粘贴的方向和位置必须准确，因为试件上不同位置、不同方向的应变是不同的，应变片必须粘贴到要测试的应变测点上，也必须是要测试的应变方向。

（5）做好防潮工作，使应变片在使用过程中不受潮，以保证应变片阻值的稳定。

3.1.4　应变片粘贴方法及步骤

1．电阻应变片的选择

在应变片灵敏度系数 k 相同的一批应变片中，剔除电阻丝栅有形状缺陷，片内有气泡、霉斑、锈点等缺陷的应变片。用数字万用表的电阻挡测量应变片的电阻值 R，将电阻值误差在±0.5Ω范围内的应变片选出待用，记录该片的阻值和灵敏系数（应变片灵敏系数由厂家标定，写在应变片包装盒上）。

2．试件表面的处理

用角磨机和砂纸等工具将试件测点贴片位置的漆层、锈迹、电镀层除去，再用细砂纸打磨成 45° 交叉纹，之后用镊子夹起沾有丙酮的棉球将贴片处擦洗干净，至棉球洁白为止，如图 3-1 所示。

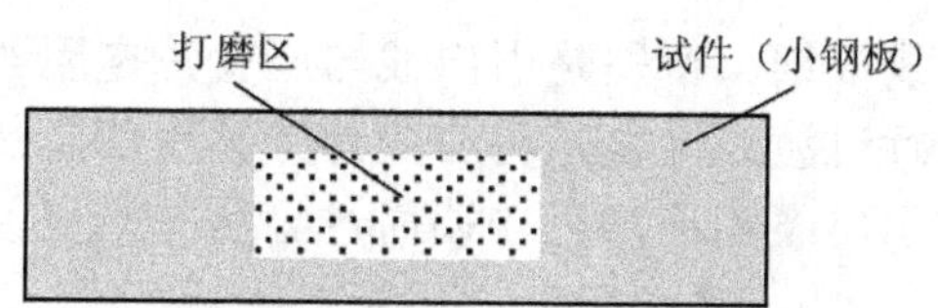

图 3-1　钢试件应变片粘贴处表面处理示意图

3．测点定位

应变片粘贴的位置及方向对应变测量的影响非常大，应变片必须准确地粘贴在结构或试件的应变测点上，而且粘贴方向必须是要测量的应变方向。本实验中假设要测定试件中心点的轴向应变，为达到上述要求，对于钢构件，要在试件上用钢直尺和划针画一个十字线，十字线的交叉点对准测点位置，较长的一根线要与应变测量方向一致，如图 3-2 所示。

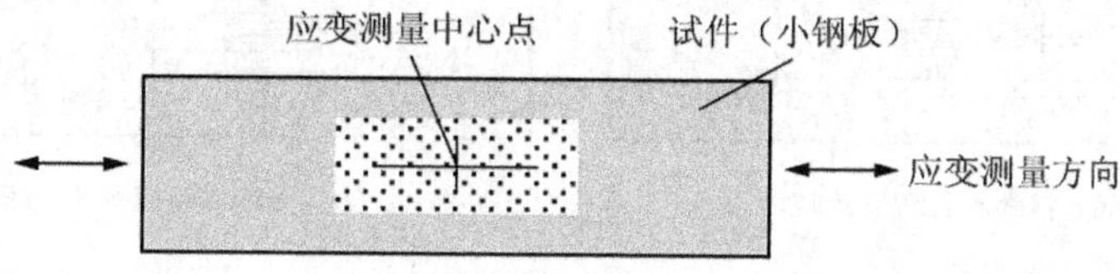

图 3-2　钢试件应变片定位示意图

4. 应变片粘贴和检查

（1）应变片的粘贴：注意分清应变片的正、反面，在测点处滴一滴粘结剂，用右手捏住应变片的引线，将电阻片前端插入胶面与测点面接触，胶水不要涂得太多，以免影响粘贴效果，缓慢移动将应变片十字线与测点十字线对准后，左手大拇指垫上塑料薄膜压在应变片上，沿一个方向滚压将多余的胶水挤出，根据室温情况压 2～5min 即可，用左手压住应变片导线端头，右手小心将引出线提离金属面以防短路，如图 3-3 所示。

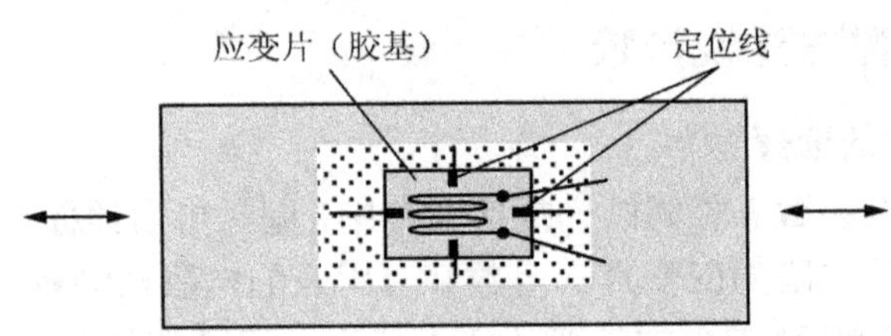

图 3-3 钢试件应变片粘贴示意图

（2）应变片粘贴完毕后的检查：应变片贴好后，先检查有无气泡、翘曲、脱胶等现象，再用数字万用表的电阻挡检查应变片有无短路、断路和阻值发生突变现象，如有会影响测量的准确性，要重贴。

5. 导线固定

由于应变片的引出线很细，特别是引出线与应变片电阻丝的连接强度很低，极易被拉断，因此需要进行过渡。导线是将应变片的感受信息传递给测试仪器的过渡线，其一端与应变片的引出线相连，另一端通过导线与测试仪器（通常为应变仪）相连接。

（1）接线柱的粘贴。接线柱的作用是将应变片的引线与接入应变仪的导线连接。用镊子将接线柱按在要粘贴的位置，然后滴一滴胶水在接线柱边缘，待 1min 后，接线柱就会粘贴在试件上，如图 3-4 所示。接线柱不要离应变片太远，否则会使应变片的引出线与试件接触而导致应变片与试件短路。若接线柱与应变片相隔较远，则要在引线的下面粘贴一层绝缘透明胶带，防止引出线与试件接触。

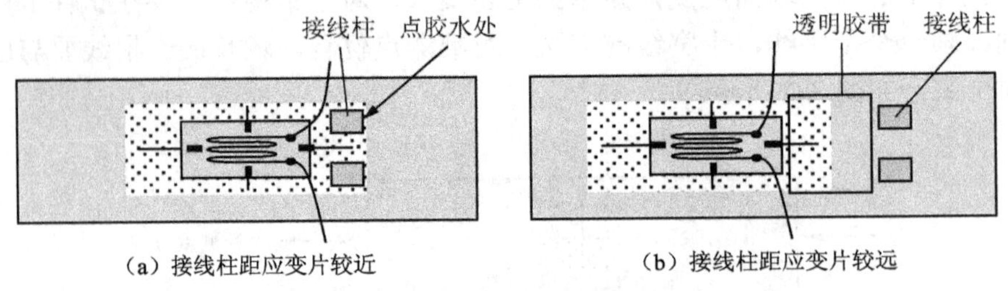

（a）接线柱距应变片较近　（b）接线柱距应变片较远

图 3-4 接线柱粘贴示意图

（2）焊接。用电烙铁将应变片的引出线和导线一起焊接在接线柱上。

焊接要点：连接点必须用焊锡焊接，以保证测试线路导电性能的质量要求，焊点大小应均匀，不能过大，不能有虚焊。

接线柱挂锡：电烙铁热了之后，先挂少许松香，再挂少许焊锡，然后将电烙铁在接线柱上放置 2～3s 拿开即可。通常要求接线柱上基本挂满焊锡，如果接线柱上未能挂上焊锡或挂的焊锡较少，可再重复一次，如图 3-5 所示。注意：焊锡也不可太多，若焊锡太多流到试件上，则会引起应变片与试件发生短路现象。

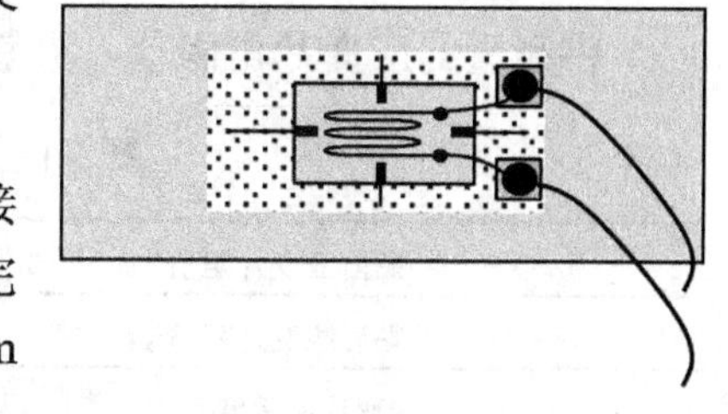

图 3-5　连接线焊接示意图

导线挂锡：电烙铁热了之后，先挂少许松香，再挂少许焊锡，然后将电烙铁与导线的裸露线芯接触 2s，用手转动导线往外移动，整个导线挂锡就完成了。导线挂锡一端的裸露线芯不能过长，以 3mm 为宜。

引出线及导线的焊接：先用导线挂锡的一端将应变片的引出线压在接线柱上，再把电烙铁放到接线柱上，当焊锡熔化之后立即将电烙铁移走，拿导线的手此时不能移动，3～5s 之后，焊锡重新凝固，整个焊接工作就完成了。引出线不要拉得太紧，以免试件受到拉力作用后，接线柱与应变片之间的距离增加，使引出线先被拉断，造成断路；也不能过松，以避免两引出线互碰或引出线与试件接触造成短路。焊接完成后将引出线的多余部分剪掉。

6. 绝缘度检查

应变片与试件之间必须是绝缘的，否则，实际电阻就会是应变片的电阻与试件的电阻并联，从而导致测试的不准确。检查绝缘度是用兆欧表检查应变片与试件之间的绝缘电阻，绝缘电阻在 50MΩ以上为合格，低于 50MΩ则用红外线灯烤至合格，若再达不到要求，则要重新贴片。

兆欧表的使用方法：兆欧表的 E 端接试件，L 端接应变片的引线，左手按住兆欧表，右手握住手柄，由慢到快地摇动仪表的手柄，指针偏转至某一位置基本不动时，读数即为绝缘电阻值，如图 3-6 所示。

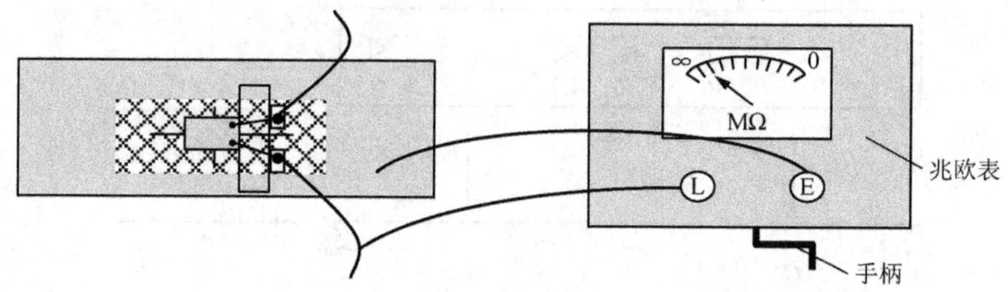

图 3-6　绝缘度测量方法示意图

7. 制作防潮层

应变片在潮湿环境或混凝土中必须具有足够的绝缘度，一旦应变片受潮，其阻值就会不稳定，从而导致无法准确地测量应变值，因此，在应变片贴好后，必须制作防潮层。防潮层可以用环氧树脂 CH31A 与 CH31B 按 1∶1 混合而成，然后将配置好的防潮剂涂在应变片上（包括引线的裸露部分），也可以用硅橡胶或石蜡涂在应变片上（防潮要求不高时采用），再用万用表和兆欧表检查一遍。防潮剂一般需固化 24h。

8. 记录

将测量的应变片电阻值、灵敏系数及绝缘度记录在表 3-1 中。

表 3-1 电阻应变片粘贴相关测量值

粘贴前应变片阻值/Ω	
粘贴后应变片阻值/Ω	
应变片灵敏度系数	
绝缘度/MΩ	

3.2 电阻应变片在电桥中的接法（一）

3.2.1 实验目的

（1）学会使用静态电阻应变仪，掌握在静荷载下应变的测量方法。

（2）学会电阻应变片半桥、全桥接法。

3.2.2 实验设备

（1）电阻应变仪。

（2）数字测力仪。

（3）纯弯曲梁装置（在梁纯弯曲段上下表面粘贴 4 枚应变片，在梁支座外粘贴 1 枚补偿片），如图 3-7 所示。

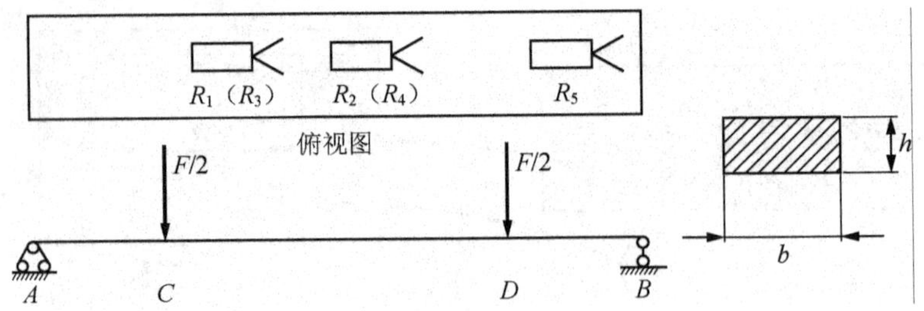

图 3-7 纯弯曲梁装置

3.2.3　实验原理与方法

电阻应变仪中的电桥（图 3-8）BD 端输出电压 U 与各桥臂应变片的指示应变ε_i有如下关系：

$$U=\frac{Ek}{4}(\varepsilon_1-\varepsilon_2+\varepsilon_3-\varepsilon_4) \tag{3-1}$$

式中，ε_1、ε_2、ε_3、ε_4分别为各桥臂应变片的指示应变；k 为应变片灵敏度系数；E 为 AC 端供桥电压。

半桥接法：如应变片 R_1（上表面受压应变ε_1）与补偿片 $R_{补}$接成半桥，如图 3-8（a）所示，另外半桥为应变仪内部固定桥臂电阻，根据式（3-1），则输出只有应变ε_1；又如梁上表面应变片 R_1（受压应变ε_1）与梁下表面应变片 R_3（受拉应变ε_3）接成半桥，如图 3-8（b）所示，则输出为$(\varepsilon_3-\varepsilon_1)=2\varepsilon_3$（$\varepsilon_3=-\varepsilon_1$）或$(\varepsilon_1-\varepsilon_3)=-2\varepsilon_1$。

全桥接法：如电阻应变片 R_1 和 R_3（受压）与 R_2 和 R_4（受拉）接成全桥，且 4 个应变片参数相同，初始阻值相等，如图 3-8（c）所示，则输出为

$$(\varepsilon_3-\varepsilon_1+\varepsilon_4-\varepsilon_2)=4\varepsilon_3\quad,\quad \varepsilon_3=\varepsilon_4=-\varepsilon_1=-\varepsilon_2。$$

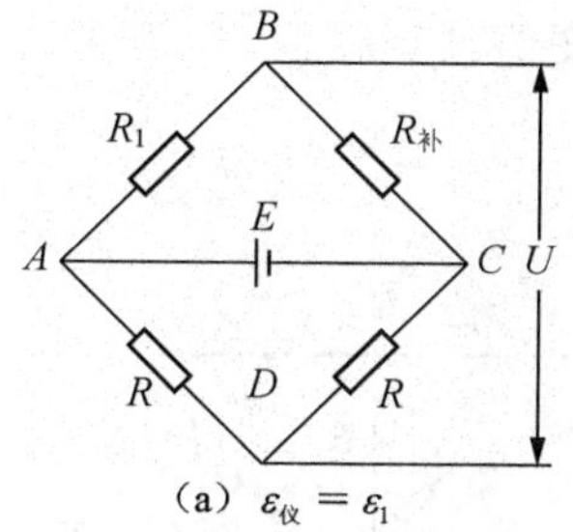

（a）$\varepsilon_{仪}=\varepsilon_1$

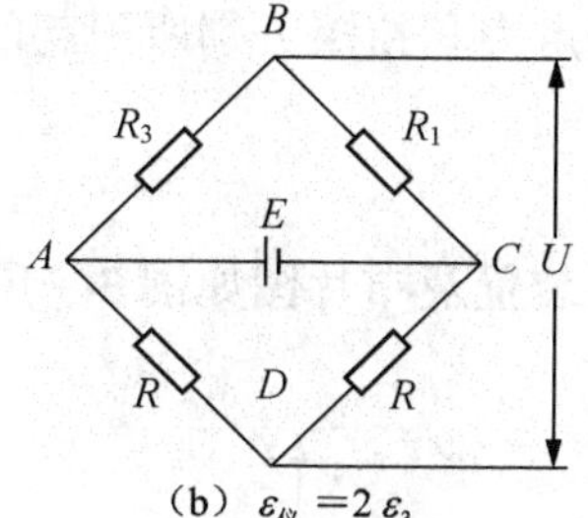

（b）$\varepsilon_{仪}=2\varepsilon_3$

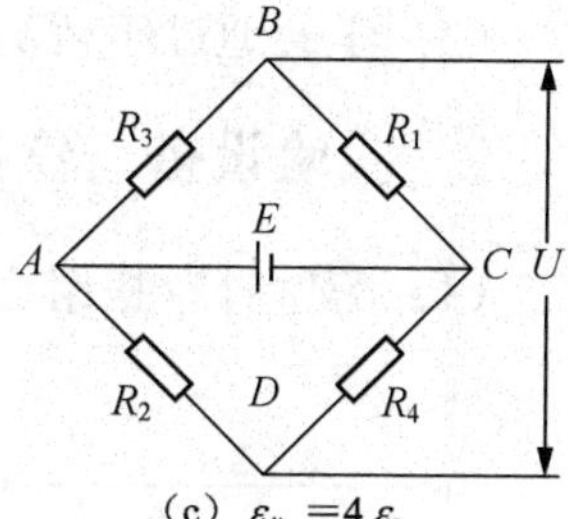

（c）$\varepsilon_{仪}=4\varepsilon_3$

图 3-8　电阻应变片组桥方式

3.2.4　实验步骤

分别按图 3-8 所示各种接法接成桥路，先在 $F=0$ 时将应变仪调零，加载 0.9kN 从应变仪读取测量应变 $\varepsilon_{仪}$ 记录在实验报告表中，加、卸载 3 次并进行数据处理，检查应变仪读数 $\varepsilon_{仪}$ 与应变值 ε_i 的倍数关系。

3.2.5　实验报告要求

（1）讨论电阻应变片各种接桥方法，进行比较。

（2）整理各种接法的实验数据，见表 3-2。

表 3-2　各种接法的应变测量结果

$k_{仪}=k=$______

接法 / 荷载/N / 次数	(a) ε		(b) ε		(c) ε	
	0	0.9	0	0.9	0	0.9
1						
2						
3						
平均应变 $\mu\varepsilon$						

3.3　电阻应变片在电桥中的接法（二）

3.3.1　实验目的

（1）学习电阻应变仪的使用方法，掌握在静荷载下测量应变的方法。

（2）学会电阻应变片半桥、全桥的测量方法。

（3）学会通过组桥测出某点力和扭矩分别所引起的应变值。

3.3.2　实验设备、仪器

（1）薄壁管弯扭组合实验装置及布片图如图 3-9 所示。

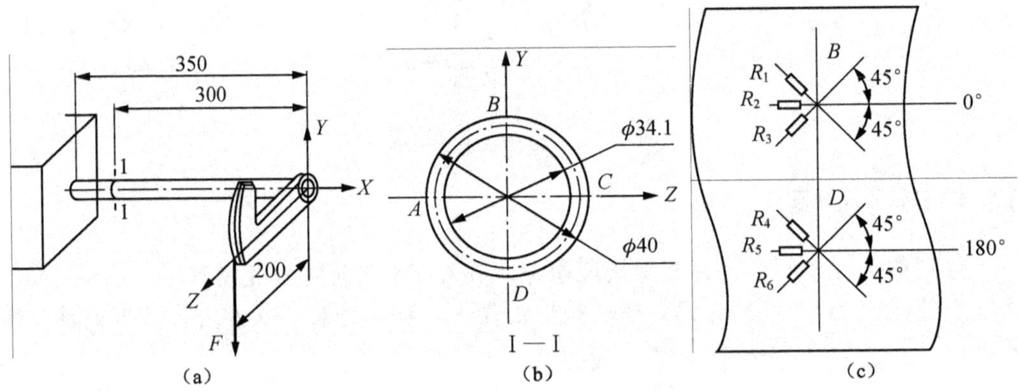

图 3-9　薄壁管弯扭组合装置和布片图

（2）电阻应变仪。

（3）测力仪。

3.3.3　实验原理和方法

电阻应变仪电桥输出电压 U 与各桥臂应变片的指示应变ε_i有下列关系：

$$U=\frac{Ek}{4}(\varepsilon_1-\varepsilon_2+\varepsilon_3-\varepsilon_4)$$

式中，E 为桥压；k 为应变片灵敏度系数；ε_1、ε_2、ε_3、ε_4 分别为各桥臂应变片的指示应变。

分别在薄壁管上、下表面 B、D 处粘贴一个 3 片组合在一起的直角应变花，如图 3-9（c）所示，荷载 F 在薄壁管右端可分解为一等效的弯矩 M 和扭矩 T，其弯矩 M 可使上表面 B 处 3 个电阻应变片产生拉应变，下表面 D 处 3 个电阻应变片产生压应变：扭矩 T 可使应变片 R_1、R_4 产生拉应变，应变片 R_3、R_6 产生压应变。

当应变片 R_1（或 R_4）与 $R_补$接成半桥，如图 3-10（a）所示，所测应变为扭转和弯曲引起的应变之和。当应变片 R_1 与 R_3 或 R_4 与 R_6 接成半桥时，如图 3-10（b）所示，所测应变为扭转引起应变的 2 倍，而弯曲引起应变被消除。而当应变片 R_2 与 R_5 接成半桥时，如图 3-10（b）所示，所测指示应变为弯曲引起应变的 2 倍。

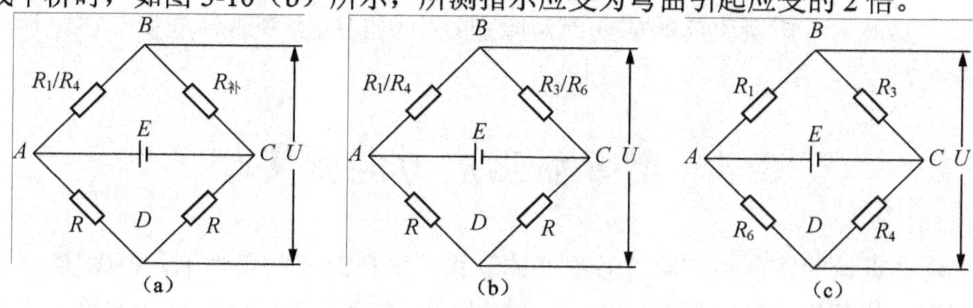

图 3-10　电阻应变片组桥方式

当 4 枚应变片 R_1、R_3、R_4、R_6 如图[3-10（c）]所示接成全桥时，所测指示应变为扭转引起应变的 4 倍，弯曲引起应变被消除。

3.3.4　实验步骤

（1）将应变片 R_1（R_4）与 $R_补$ 接成半桥，如图 3-10（a）所示，在不同荷载下测量应变值。

（2）将应变片 R_1 与 R_3 接成半桥，加荷载后测量应变值；将应变片 R_1 与 R_4 接成半桥，加荷载后测量应变值，如图 3-10（b）所示。

（3）将应变片 R_1、R_3、R_4、R_6 如图 3-10（c）所示接成全桥，在加荷载后测量应变值，记录于实验报告表中，每种组桥方法加、卸载 3 次。

3.3.5　实验结果分析

不同接法测量数据记录于表 3-3。

表 3-3　不同接法测量数据

$k_{仪}=k=$______

接法 / 荷载 N / 次数	(a) ε		(b) ε		(c) ε
	0.9		0.9		0.9
1					
2					
3					
平均应变/μ					

问题讨论：

（1）要测量扭矩引起的应变而消除弯矩所引起的应变时，应变片在电桥中应如何连接？

（2）要测量弯矩所引起的应变而消除扭矩所引起的应变时，应变片在电桥中应如何连接？

3.4　梁弯曲正应力电测实验

梁弯曲理论的发展和实验有着密切的联系，如在纯弯曲条件下，根据实验现象，经过判断、推理提出如下假设：变形前的横截面在变形后仍然保持为平面，并且仍然垂直于变形后的梁的轴线，只是绕截面内的某一轴线旋转了一个角度，这就是平面假设。在此假设和单向受力假设的基础上推导出梁横截面上任一点的正应力公式：

$$\sigma=\frac{My}{I_Z}$$

式中，M 为横截面上的弯矩；I_Z 为截面对轴的惯性矩；y 为所求点到中性轴的距离。由此公式可知正应力沿梁横截面高度按直线规律分布。

3.4.1　实验目的

（1）了解电测应力的方法和电阻应变仪的使用。

（2）测定纯弯曲梁横截面上的正应力分布，并与理论值进行比较，验证平面假设和梁的正应力公式。

3.4.2 实验设备

（1）材料力学多功能实验台。

（2）CM-1A-12 型电阻应变仪。

（3）CL-1 测力仪。

（4）游标卡尺、直尺。

3.4.3 实验原理

已知梁在纯弯曲变形时，其横截面上的正应力，从理论上用公式$\sigma=\dfrac{My}{I_Z}$来计算，为了验证该公式的正确性，本实验采用电测应力的方法即在纯弯曲梁的某个截面的 5 个测点处贴上电阻应变片，加载后通过静态电阻应变仪可以测量出测点的应变值，通过实测公式$\sigma_{实}=E\cdot\varepsilon_{实}$计算出该测点的应力值，将实验应力值$\sigma_{实}$与理论计算值$\sigma_{理}$加以比较，验证理论公式的正确性。

3.4.4 实验装置介绍

本实验采用 A_3 钢制成的矩形截面梁，在梁 *CD* 段的侧面和上、下表面，沿梁高等距离布置 5 个测点，如图 3-11 所示，在这 5 个测点处沿平行于梁长轴线方向贴上电阻应变片。其中 3—3 位于中性层上；1—1、5—5 在梁的上、下表面，到中性层的距离为 $y_5=y_1=\dfrac{h}{2}$；2—2、4—4 到中性层的距离 $y_2=y_4=\dfrac{h}{4}$。这些电阻应变片可真实感受梁相应位置纵向纤维的变形。梁受弯曲时，纵向纤维产生伸长或缩短，贴在梁上的电阻应变片也伸长或缩短，电阻应变片的阻值发生变化，通过应变仪将读得各测点的应变值。由胡克定律可求出各点实测应力：$\sigma_{实}=E\cdot\varepsilon_{实}$。

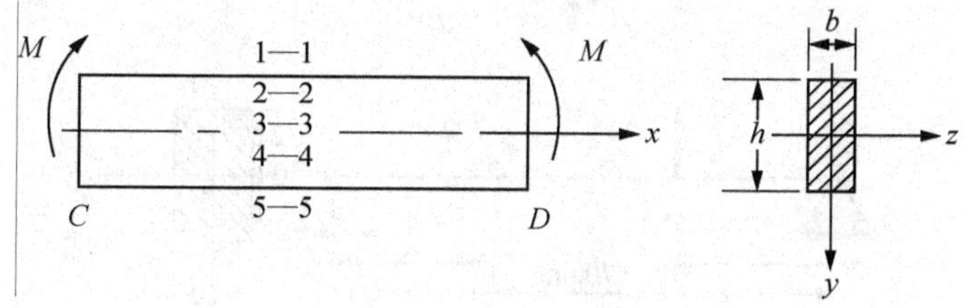

图 3-11　矩形截面梁

为了实现纯弯曲，采用如图 3-12 所示的实验装置，在实验梁的 *C*、*D* 处用矩形套环通过两个拉杆与矩形短梁连接，短梁跨中上端采用蜗轮蜗杆机构以产生向下位移，实现给 *C*、*D* 处加力。蜗轮蜗杆机构下端串接压力传感器将力传给短梁，实现加载值经压力传感器感受后由数字测力仪显示其大小。梁在 *CD* 段发生纯弯曲，其弯矩值$M=\dfrac{F\cdot a}{2}$，为减小实验过程中的测量误差，在梁弹性范围内本实验采用增量法加载，每次荷载增量为 1kN，每加一级荷载，分别读取 1～5 测点的应变值，共加载 5 级，求出各点应变增量，计算各测点应变增量的平均值$\Delta\varepsilon_{实}$，依次求出各点应力增量$\Delta\sigma_{实}$。将各点的实测应力值$\Delta\sigma_{实}$与理论公式计算的应力值$\Delta\sigma=\dfrac{\Delta M\cdot y}{I_Z}$加以比较，从而验证公式的正确性。

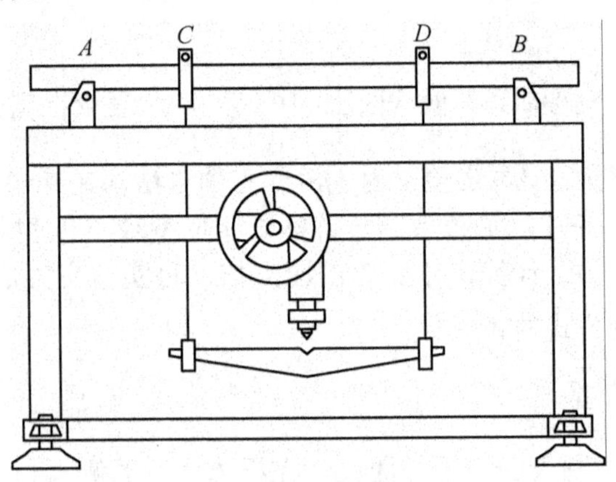

图 3-12　纯弯曲梁装置

3.4.5　实验步骤

（1）用游标卡尺测量梁截面 C、D 段宽度和尺寸，用直尺测量各应变片到中性轴的距离 y_i（图 3-13）。

（2）根据材料的比例极限（σ_p=200MPa）确定加载方案。注意最大荷载

$$F_{max}\leqslant\frac{2I_Z\sigma_p}{ay}$$

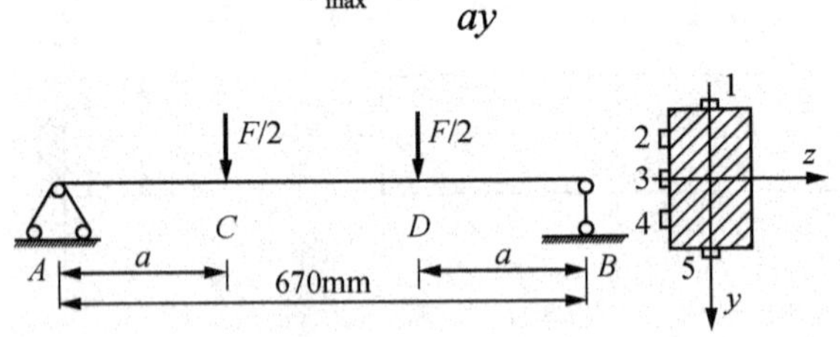

图 3-13　梁计算简图

（3）检查仪器和各测点的应变片在电桥上的接法，A、B 端子接测量应变片，A_0、D_0 接补偿应变片（见静态应变仪接线面板 A_0、D_0 接线图），打开静态电阻应变仪后面板上的电源开关。

（4）检查实验梁处于无荷载状态，对测力仪和静态电阻应变仪的测量点进行调零并调整灵敏度系数 k 值为实际 k 值。

（5）测量：根据拟定的加载方案，分级加载，加一级荷载，读取各测点的应变值，然后每加一级等量荷载 ΔF，记录各点读数，直到 5 级测完。计算各测点读数增量，检查测试数据，有误重做。测试完成后将力卸到零，关机。应变仪的操作方法参见 1.10 节。

（6）计算理论应力值，并和实验应力值进行比较，给出实验结论。

3.4.6　实验结果分析

将实验中测得数据填入表 3-4 中。

表 3-4　测量数据

荷载/N		应变仪读数/$\mu\varepsilon$									
		测点 1		测点 2		测点 3		测点 4		测点 5	
F	ΔF	ε	$\Delta\varepsilon$	ε	$\Delta\varepsilon$	ε	$\Delta\varepsilon$	ε	$\Delta\varepsilon$	ε	$\Delta\varepsilon$
均值		$\Delta\varepsilon_1=$		$\Delta\varepsilon_2=$		$\Delta\varepsilon_3=$		$\Delta\varepsilon_4=$		$\Delta\varepsilon_5=$	

（1）根据实验记录计算各点应变增量平均值 $\Delta\varepsilon_{实}$ 及对应的应力增量 $\Delta\sigma_{实}$。

（2）根据公式 $\sigma=\dfrac{My}{I_Z}$，计算出对应增量荷载下的理论值 $\Delta\sigma_{理}$。

（3）将 5 点的 $\Delta\sigma_{实}$ 和 $\Delta\sigma_{理}$ 用不同颜色的笔在实验报告坐标纸上绘出梁截面的实测与理论应力分布曲线。

3.5　弯扭组合变形时的主应力测定

在机械和结构中，常会遇到承受弯曲、扭转（简称弯扭）组合变形的构件，如传动轴，本实验是以薄壁圆筒在弯扭组合变形时的受力为例，介绍用电测法确定构件上一点应力状态的方法。

3.5.1 实验目的

（1）测定薄壁圆筒在弯扭组合变形时表面某点处的主应力大小及方向，并与理论值进行比较。

（2）掌握多点静态应变测量技术。

3.5.2 实验设备

（1）静态电阻应变仪、测力仪。

（2）材料力学多功能实验台。

3.5.3 实验装置

（1）组合式材料力学多功能实验台：可做 7 个以上电测实验，实验台为框架式结构，分前、后两片架，其外形结构如图 3-14 所示。前片架可做弯扭组合受力实验，材料弹性模量、泊松比测定，偏心拉伸实验，压杆稳定实验，悬臂梁实验；后片架可做纯弯曲梁正应力实验，电阻应变片灵敏度系数标定等。

加载原理：加载机构为内置式，采用蜗轮蜗杆及螺旋传动的原理，对试件进行施力加载，该设计采用了两种省力机构组合在一起，将手轮的转动变成了螺旋丝杆加载的直线运动。

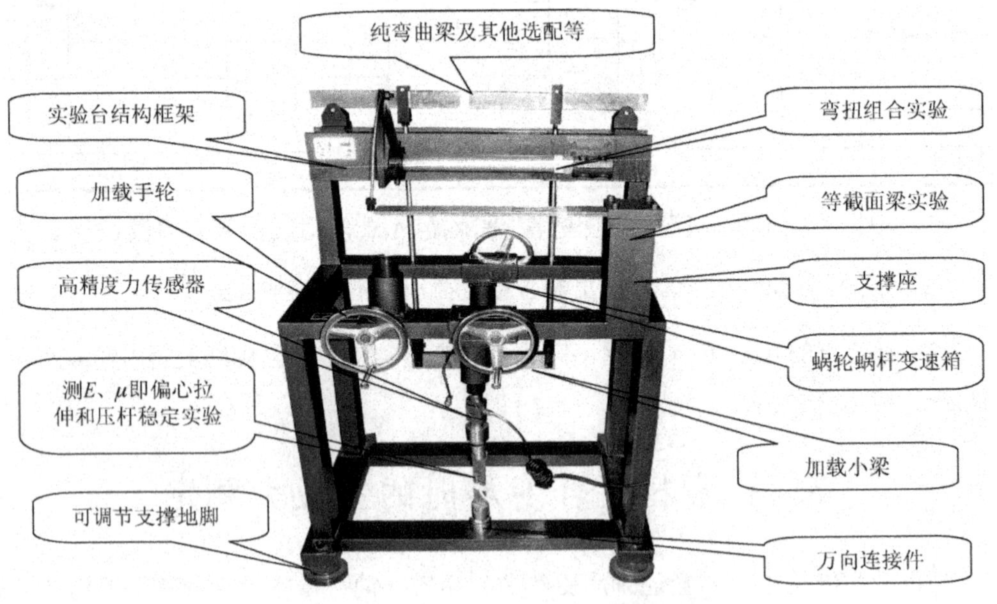

图 3-14 材料力学多功能实验台外形结构

工作机理：实验台采用蜗杆和螺旋复合加载机构，通过传感器及过渡加载附件对试件进行施力加载，加载力大小经拉压力传感器由测力仪显示出来，各测点的应变由应变仪显示出来。

组合式材料力学多功能实验台弯扭组合实验的基本参数：薄壁圆管材料为铝合金，其弹性模量 E=70GPa，圆筒外径为 40mm，内径为 34.4mm，泊松比μ=0.31，应变片灵敏度系数见实验台标签。加力扇臂长 a=250mm，计算长度 L=200mm，如图 3-15 所示。测点应力状态如图 3-16 所示，测点应变片布置如图 3-17 所示。

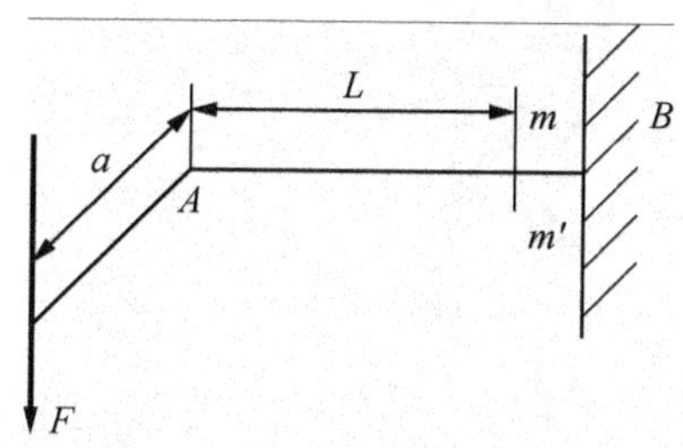

图 3-15　弯扭组合装置尺寸示意图

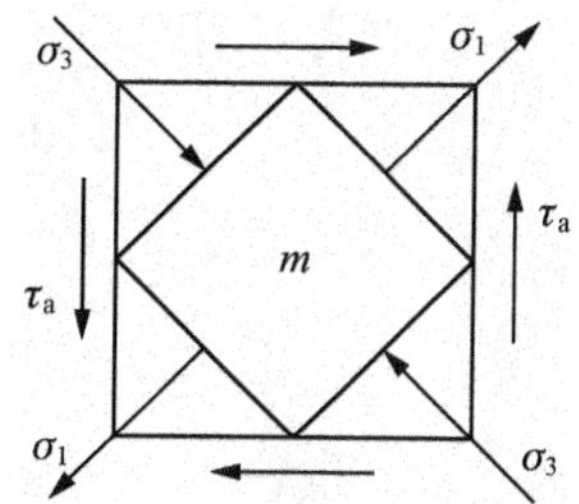

图 3-16　测点应力状态示意图

（2）弯扭组合实验装置如图 3-18 所示。它由薄壁圆管（已粘好应变片）、扇臂、钢索、传感器、加载手轮、座体、测力仪、应变仪等组成。实验时，逆时针转动加载手轮，传感器受力，将信号传给数字测力仪，此时，测力仪显示的数字即为作用在扇臂顶端的荷载值，扇臂顶端作用力传递至薄壁圆管上，薄壁圆管产生弯扭组合变形。

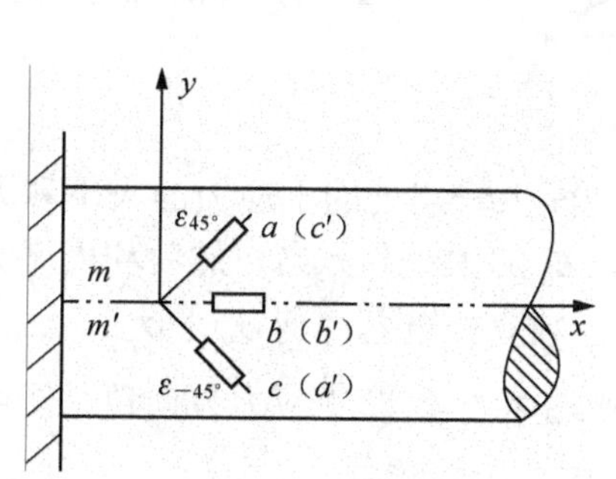

图 3-17　测点应变片布置示意图

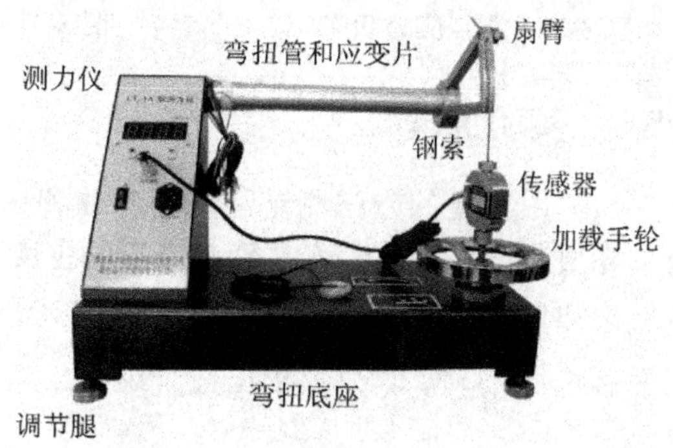

图 3-18　弯扭组合实验装置

薄壁圆管材料为铝合金，其弹性模量 E=71GPa，泊松比μ=0.32，应变片灵敏度系数 k=2.170。弯扭组合薄壁圆管截面尺寸、受力简图如图 3-19 所示，被测试截面Ⅰ—Ⅰ上的应力状态如图 3-20 所示，布片情况如图 3-21 或图 3-22 所示。

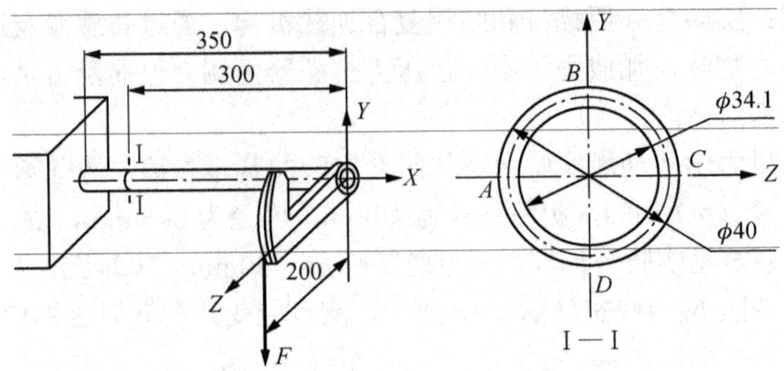

图 3-19　弯扭组合实验装置简图

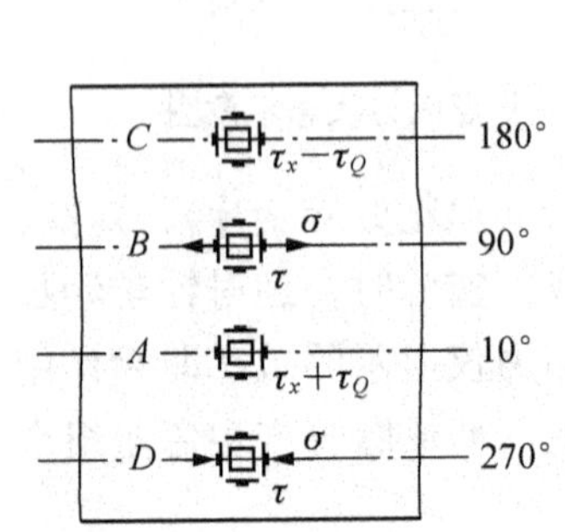

图 3-20　测点应力状态

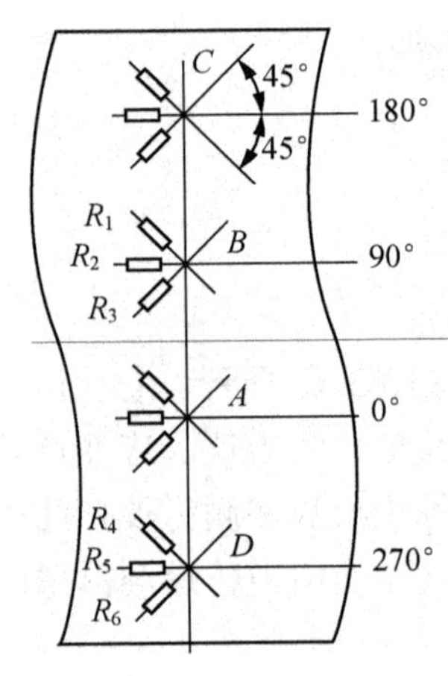

图 3-21　布片图

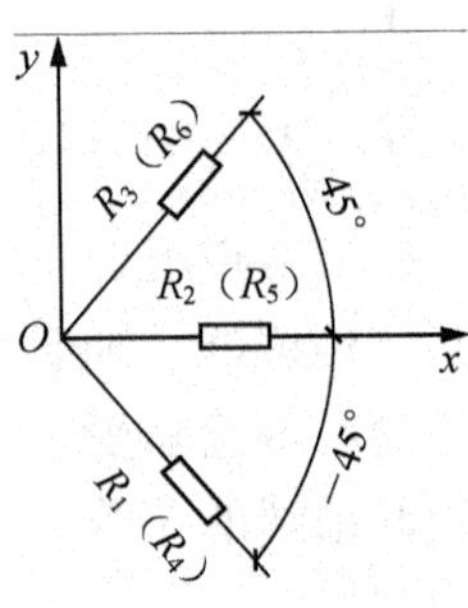

图 3-22　测点应变片图

3.5.4　实验原理

（1）用实验的方法测定薄壁筒弯曲和扭转时表面上一点处的主应力的大小和方向，先要测出该点的应变，确定该点的主应变ε_1、ε_3的大小和方向，然后利用广义胡克定律算得主应力σ_1、σ_3。在平面应力状态下，独立变量有应力σ_x、σ_y、τ_{xy}，应变有ε_x、ε_y、γ_{xy}。只要求出任一组数，最大主应力σ_1、σ_3及主应力方向角θ便可确定。

（2）已知平面应力状态下的应变转换方程：

$$\varepsilon_\theta=\varepsilon_x\cos^2\theta+\varepsilon_y\sin^2\theta+\gamma_{xy}\sin\theta\cos\theta \tag{3-2}$$

为了确定出任一点的ε_x、ε_y、γ_{xy}并使计算简便，采用电测法，在被测 I — I 截面上的 A、B、C、D 待测点处各粘贴一应变花，如图 3-19 所示，当$\theta_1=0°$，$\theta_2=45°$，$\theta_3=-45°$时，由式（3-2）得到$\varepsilon_x=\varepsilon_{0°}$，$\varepsilon_y=\varepsilon_{45°}+\varepsilon_{-45°}-\varepsilon_{0°}$，$\gamma_{xy}=\varepsilon_{-45°}-\varepsilon_{45°}$。

（3）再由下列公式定出任一点的主应变 ε_1、ε_3 的大小及方向：

$$\varepsilon_{1,3}=\frac{1}{2}\left[\left(\varepsilon_x+\varepsilon_y\right)\pm\sqrt{\left(\varepsilon_x-\varepsilon_y\right)^2+\gamma_{xy}^2}\right] \tag{3-3}$$

$$\theta=\frac{1}{2}\tan^{-1}\frac{\gamma_{xy}}{\varepsilon_x-\varepsilon_y}=\frac{1}{2}\tan^{-1}\frac{\varepsilon_{45^\circ}-\varepsilon_{-45^\circ}}{(\varepsilon_{0^\circ}-\varepsilon_{-45^\circ})-(\varepsilon_{45^\circ}-\varepsilon_{0^\circ})} \tag{3-4}$$

（4）最后应用各向同性材料的广义胡克定律，可确定出主应力的大小：

$$\begin{matrix}\sigma_1\\ \sigma_3\end{matrix}=\frac{E}{1-\mu^2}\left[\frac{1+\mu}{2}(\varepsilon_{-45^\circ}+\varepsilon_{45^\circ})\pm\frac{1-\mu}{\sqrt{2}}\sqrt{(\varepsilon_{-45^\circ}-\varepsilon_0)^2+(\varepsilon_0-\varepsilon_{45^\circ})^2}\right] \tag{3-5}$$

3.5.5　实验步骤

（1）用直尺测量应变花到加力端的距离 a。

（2）将传感器与测力仪连接，接通测力仪和应变仪电源，应变仪的操作方法参见 1.10 节。

（3）将薄壁圆管上 B、D 两点的应变片按单臂、半桥测量接线方法接至应变仪测量通道上。

（4）仪器各测量通道清零，逆时针旋转手轮，预加 50N 初始荷载，从应变仪读初读数。

（5）测量：分级加载，加一级荷载$\Delta F=100$N，读取各测点的应变值，然后每加一级等量荷载ΔF，记录各点读数，直到 4 级测完。将各应变片数据记录在实验表格中，计算各测点读数增量，测试完成后将力卸到零，关机。

3.5.6　实验结果分析

将应变片数据记录于表 3-5 中。

表 3-5　测量数据

（单位：$\mu\varepsilon$）

编号 / 读数 / 荷载		（m）B_{-45°		（m）B_{0°		（m）B_{45°		（m′）D_{-45°		（m′）D_{0°		（m′）D_{45°	
F/N	ΔF	ε_{-45°	$\Delta\varepsilon_{-45^\circ}$	ε_{0°	$\Delta\varepsilon_{0^\circ}$	ε_{45°	$\Delta\varepsilon_{45^\circ}$	ε_{-45°	$\Delta\varepsilon_{45^\circ}$	ε_{0°	$\Delta\varepsilon_{0^\circ}$	ε_{45°	$\Delta\varepsilon_{45^\circ}$
平均值 $\Delta\varepsilon$													

（1）按表格计算各点应变增量$\Delta\varepsilon_\theta$的平均值。应用式（3-4）和式（3-5）算出B、D两点的实验主应力值及方向。

（2）应用式（3-6）和式（3-7）计算B、D两点主应力值及方向的理论值，与测量值比较，分析讨论电阻应变花测量结果。

（3）理论计算有关参数和公式：已知弯矩增量$M=F\cdot L$（$L=300\text{mm}$），剪力增量$Q=F$；扭矩增量$T=F\cdot a$（$a=200\text{mm}$）；弯曲引起的应力$\sigma=\pm\dfrac{M}{W_z}$（$W_z=\dfrac{\pi D^3(1-\alpha^4)}{32}$，$\alpha=\dfrac{d}{D}$，注意$B$、$D$点的正负号），扭矩引起的剪应力$\tau=\dfrac{T}{W_P}$（$W_p=\dfrac{\pi D^3(1-\alpha^4)}{16}$）。

主应力的大小：

$$\begin{matrix}\sigma_1\\ \sigma_3\end{matrix}=\frac{\sigma}{2}\pm\sqrt{\left(\frac{\sigma}{2}\right)^2+\tau^2} \tag{3-6}$$

主应力的方向：

$$\tan 2\theta=-\frac{2\tau}{\sigma} \tag{3-7}$$

3.5.7 实验注意事项

（1）每次实验最好先将试件摆放好，仪器接通电源，打开仪器预热20min左右。

（2）各项实验不超过规定的终载的最大拉压力。

（3）加载机构作用形程为50mm，手轮转动接近行程末端时应缓慢转动，以免撞坏有关定位件。

（4）所有实验进行完后，应释放加力机构，使荷载卸到零。

3.6 组合梁（叠梁）应力测定实验

3.6.1 实验目的

（1）测定组合梁在纯弯曲时，梁高度各测点正应力的大小及沿截面高度的分布规律，并与理论值做比较。

（2）通过实验测定和理论分析，了解两种不同材料组合梁的内力及应力分布的差别。

3.6.2 实验设备

（1）静态电阻应变仪。

（2）游标卡尺和钢直尺等。

（3）组合梁实验台。

3.6.3　实验原理

在实际结构中，由于工作需要，经常把单一的梁、板、柱等构件组合起来或叠放起来，形成一种新的复合梁构件形式。例如，支承车架的板簧，是由多片微弯的钢板重叠组合而成的；大型厂房的吊车梁有的是由几种结构组成的组合承重梁，来共同承担吊车和重物的重量。实际中的组合梁的工作状态是复杂多样的，为了便于在实验室进行实验，仅选择两根截面面积相同的矩形直梁，按以下方式进行组合：一种是用不同材料组成的组合梁；另一种是用相同材料组成的组合梁，用电测法测定其应力分布规律，观察两种形式组合梁与单一材料梁应力分布的异同点，如图 3-23 所示。

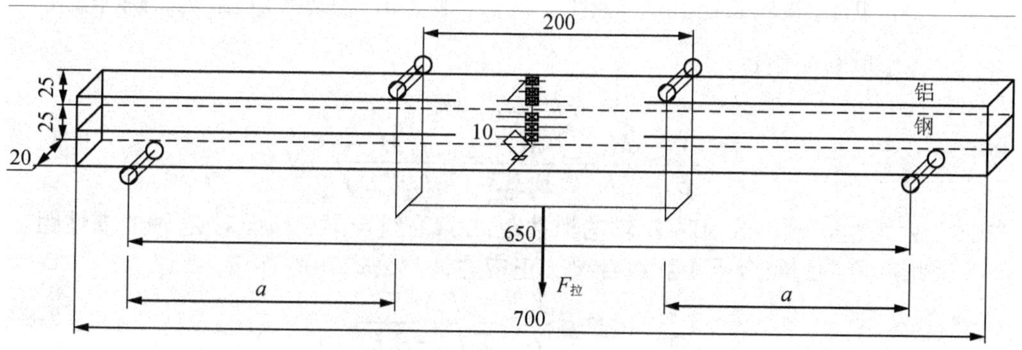

图 3-23　组合梁外形与应变片分布

组合梁测点截面示意图如图 3-24 所示，横截面应变和应力分布示意图如图 3-25 和图 3-26 所示。

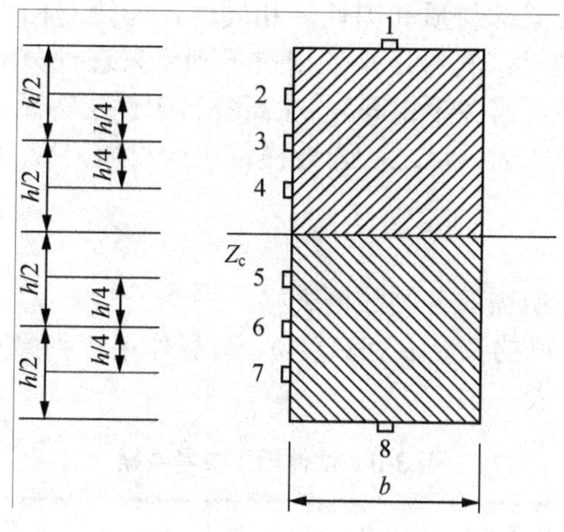

图 3-24　测点截面示意图

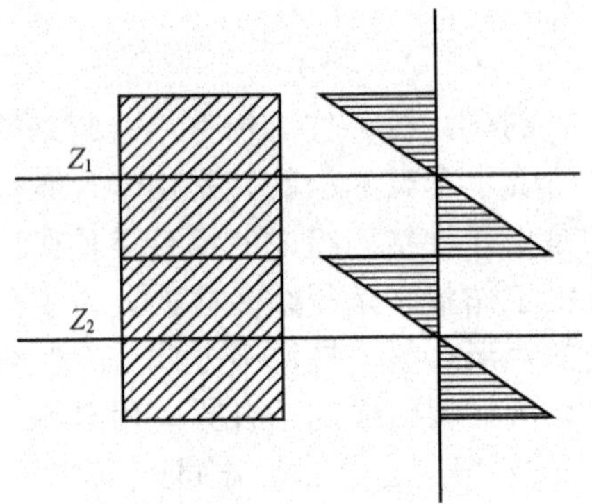

图 3-25　组合梁横截面应变分布示意图

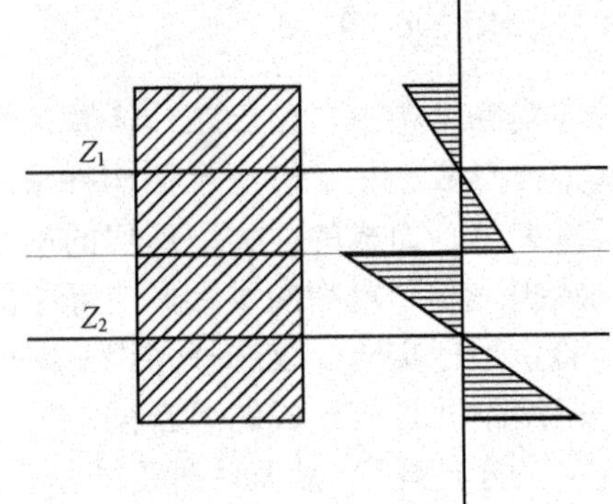

图 3-26　组合梁横截面应力分布示意图

组合梁横截面弯矩：

$$M=M_1+M_2$$

$$\frac{1}{\rho}=\frac{M_1}{E_1I_{Z1}}=\frac{M_2}{E_2I_{Z2}}=\frac{M}{E_1I_{Z1}+E_2I_{Z2}}$$

式中，I_{Z1}为组合梁 1 截面对 Z_1 轴的惯性距；I_{Z2}为组合梁 2 截面对 Z_2 轴的惯性距。

因此，可得到组合梁 1 和组合梁 2 正应力计算公式分别为

$$\sigma_1=E_1\frac{Y_1}{\rho}=\frac{E_1M_1Y_1}{E_1I_{Z1}+E_2I_{Z2}} \tag{3-8}$$

$$\sigma_2=E_2\frac{Y_2}{\rho}=\frac{E_2M_2Y_2}{E_1I_{Z1}+E_2I_{Z2}} \tag{3-9}$$

式中，Y_1为组合梁 1 上测点距 Z_1 轴的距离；Y_2为组合梁 2 上测点距 Z_2 轴的距离。

由此可知，当组合梁的材质和惯性矩相同时，弯矩是由参与组合梁的根数进行等分配的；当材料不同时，其弯矩是依据抗弯刚度来进行分配的。因此，材质不同的两根梁组成的组合梁（惯性矩相等），在离各自中性层等距离点的应力是不等的。弹性模量大的材质应力较大；反之，弹性模量小的材质，应力则小。

3.6.4　实验步骤

（1）设计好本实验所需的各类数据表格。

（2）测量矩形截面梁的宽度 b 和高度 h、荷载作用点到梁支点距离 a 及各应变片到中性层的距离 y_i，见表 3-6。

表 3-6　试件相关参考数据

应变片位置/mm		梁的尺寸和有关参数
1		宽度 b=20mm
2		高度 h=50mm

续表

应变片位置/mm		梁的尺寸和有关参数
3		跨度 $L=650\text{mm}$
4		荷载距离 $a=225\text{mm}$
5		弹性模量 $E_1=206\text{GPa}$
6		弹性模量 $E_2=70\text{GPa}$
7		泊松比 $\mu_1=0.26$
8		泊松比 $\mu_2=0.33$

（3）拟定加载方案。先选取适当的初荷载 F_0（一般取 F_0=300N 左右），估算 F_{max}（该实验荷载范围 $F_{max}\leqslant$2000N），分 4～6 级加载。

（4）根据加载方案，调整好实验加载装置。

（5）按实验要求接好线，调整好仪器，检查整个测试系统是否处于正常工作状态。

（6）加载：均匀缓慢加载至初荷载 F_0，记下各点应变的初始读数；然后分级等增量加载，每增加一级荷载，依次记录各点电阻应变片的应变值ε_i，直到最终荷载。实验至少重读两次，见表 3-7。

表 3-7　实验数据

（单位：$\mu\varepsilon$）

测点 荷载/N		1		2		3		4		5		6		7		8	
		ε	$\Delta\varepsilon$	ε	$\Delta\varepsilon$	ε	$\Delta\varepsilon$	ε	$\Delta\varepsilon$	ε	$\Delta\varepsilon$	ε	$\Delta\varepsilon$	ε	$\Delta\varepsilon$	ε	$\Delta\varepsilon$
	300																
600																	
	300																
900																	
	300																
1200																	
	300																
1500																	
	300																
1800																	
应变增量平均值 $\overline{\Delta\varepsilon}$																	

（7）做完实验后，卸掉荷载，关闭电源，整理好所用仪器设备，清理实验现场，将所用仪器设备复原，实验资料交指导教师检查签字。

3.6.5　实验结果的处理

（1）实验值计算。根据测得的各点应变值 $\Delta\varepsilon_{i实}$ 求出应变增量平均值 $\overline{\Delta\varepsilon_{i实}}$，代入

胡克定律计算各点的实验应力值，因此各点实验应力计算公式为

$$\varepsilon_{i实}=E\times\overline{\Delta\varepsilon_{i实}}$$

（2）理论值计算：

荷载增量 $\Delta F=$ ________N；弯矩增量 $\Delta M=\Delta Fa/2=$ ________N·m。

各点理论值计算：

$$\sigma_{i理}=\frac{\Delta M\cdot y_i}{I_z}$$

（3）绘出实验应力值和理论应力值的分布图。分别以横坐标轴表示各测点的应力 $\sigma_{i实}$ 和 $\sigma_{i理}$，以纵坐标轴表示各测点距梁中性层位置 y_i，选用合适的比例绘出应力分布图。

（4）将实验值与理论值的比较结果填于表 3-8 中。

表 3-8　实验值与理论值的比较

测　　点	理论值 $\sigma_{i实}$ /MPa	实际值 $\sigma_{i理}$ /MPa	相对误差/%

3.7　复合梁应力测定实验

3.7.1　实验目的

（1）用电测法测定复合梁在纯弯曲受力状态下，沿其横截面高度各测点的正应变。

（2）分析复合梁的正应力分布规律。

3.7.2　实验仪器设备

（1）静态电阻应变仪。

（2）游标卡尺和钢尺等测量工具。

（3）复合梁实验台。

3.7.3 实验原理和方法

复合梁实验装置与纯弯曲梁实验装置相同，只是将纯弯曲梁换成复合梁，复合梁所用材料分别为铝梁和钢梁，将其粘接在一起，成为一个复合梁。其弹性模量分别为 $E=70\text{GPa}$ 和 $E=206\text{GPa}$。复合梁应变片粘贴位置和受力状态如图 3-27 和图 3-28 所示。

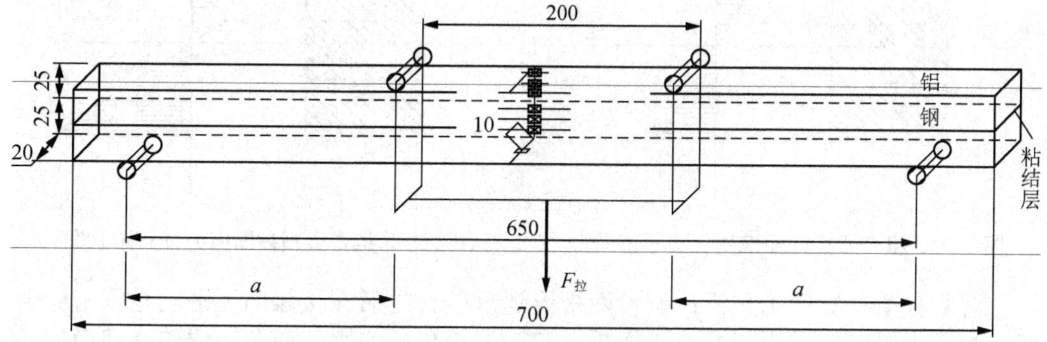

图 3-27　复合梁外形与应变片分布

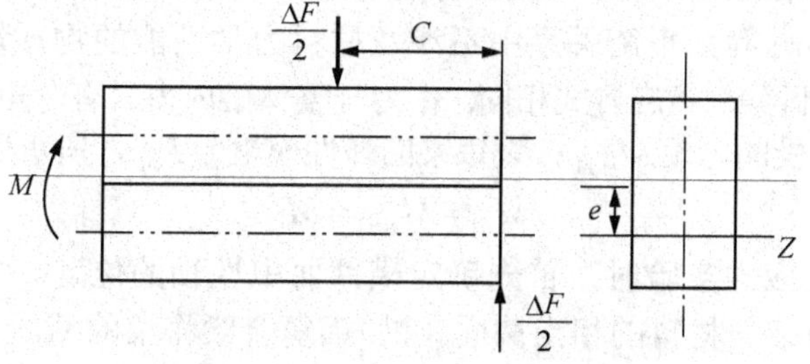

图 3-28　复合梁受力简图

测点截面示意图如图 3-29 所示。

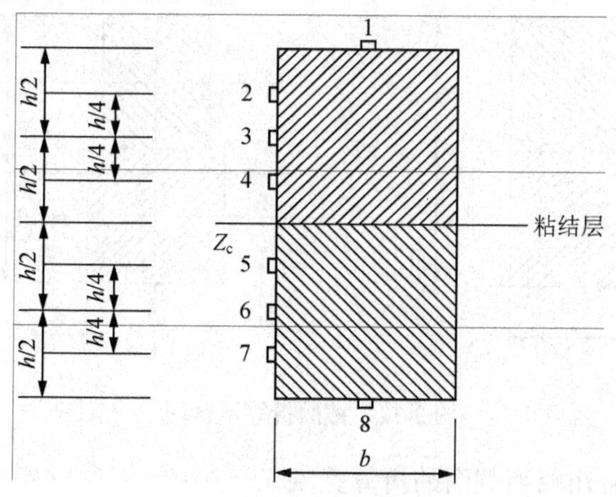

图 3-29　测点截面示意图

组合梁横截面应变和应力分布示意图如图 3-30 和图 3-31 所示。

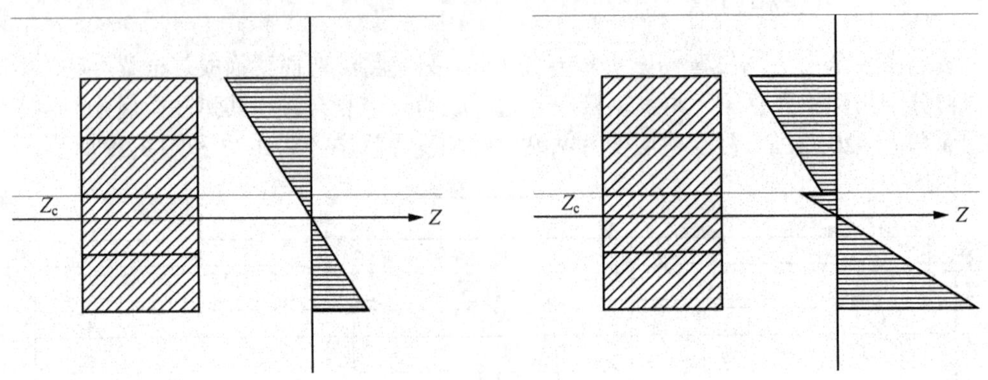

图 3-30　组合梁横截面应变分布示意图　　　图 3-31　组合梁横截面应力分布示意图

对复合梁进行理论分析：假设两根梁通过胶合之后在接触面无滑动地紧密结合在一起。由于所研究问题符合小变形，平面假设仍然成立，横截面绕组合截面形心轴转动，横截面上各点处的纵向线应变沿横截面高度呈线性规律变化。由于梁弯曲时的几何变形关系与静力平衡关系中不涉及材料力学性能的物理量，因此这两方面的各关系与单一材料梁的相应各式相同。作为一整体梁内力只有弯矩 M。设钢梁的弹性模量为 E_{steel}，所承受的弯矩 M_{steel}；设铝梁的弹性模量为 E_{Al}，所承受的弯矩 M_{Al}，则

$$M_{\text{Al}}=M_{\text{steel}}=M$$

在做复合梁正应力实验时，首先确定横截面中性轴的位置。先将不同种材料的复合梁截面折算为某一材料的相当截面（钢-铝复合梁将梁的截面折算为钢材的相当截面），如图 3-32 所示。

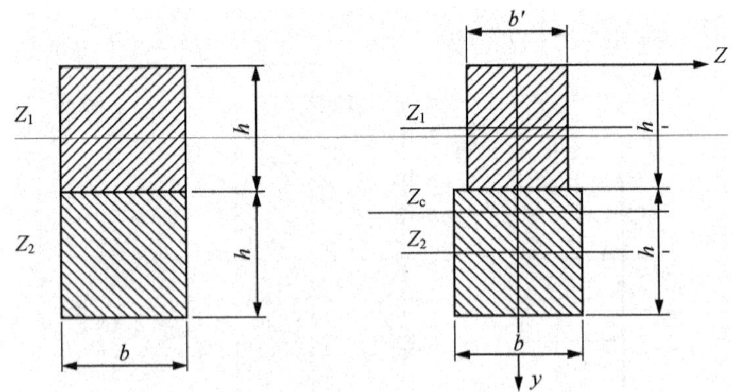

图 3-32　截面折算示意图

由材料力学教材知相当截面的折算宽度：

$$b=\frac{bE_{Al}}{E_{steel}}$$

相当截面的形心坐标为

$$y_c=\frac{h(E_{Al}+3E_{steel})}{2(E_{Al}+E_{steel})}$$

对复合梁进行应力分析，对于相当截面

$$\sigma^*=\frac{My_c}{I^*_{ZC}} \qquad (-(y_c-h)\leqslant y\leqslant 2h-y_c)$$

式中

$$I^*_{zc}=I^{Al}_{zc}+I^{steel}_{zc}$$

$$I^{Al}_{zc}=\frac{bh^3}{12}+\left(y_c-\frac{h}{2}\right)^2\times h\times b$$

$$I^{steel}_{zc}=\frac{bh^3}{12}+\left(\frac{3h}{2}-y_c\right)^2\times h\times b$$

进行应力计算时，对于钢梁和铝梁不同测点理论计算分别有

$$\sigma_{steel}=\sigma^*=\frac{My_{ci}}{I^*_{zc}} \tag{3-10}$$

$$\sigma_{Al}=\frac{E_{Al}}{E_{steel}}\sigma^*=\left(\frac{E_{Al}}{E_{steel}}\right)\frac{My_{ci}}{I^*_{ZC}} \tag{3-11}$$

在叠梁或复合梁的纯弯曲段内，沿叠梁或复合梁的横截面高度已粘贴一组应变片，如图 3-27 所示。当梁受荷载后，可由应变仪测得每片应变片的应变，即得到实测的沿叠梁或复合梁横截面高度的应变分布规律，由单向应力状态的胡克定律公式 $\sigma=E\varepsilon$，可求出应力实验值。将应力实验值与应力理论值进行比较，以验证复合梁的正应力计算公式。

3.7.4　实验步骤

（1）设计好本实验所需的各类数据表格。

（2）测量矩形截面梁的宽度 b 和高度 h、荷载作用点到梁支点距离 a 及各应变片到中性层的距离 y_i，见表 3-9。

（3）拟定加载方案。先选取适当的初荷载 F_0（一般取 F_0=300N 左右），估算 F_{max}（该实验荷载范围 F_{max}≤2000N），分 4～6 级加载。

（4）根据加载方案，调整好实验加载装置。

（5）按实验要求接好线，调整好仪器，检查整个测试系统是否处于正常工作状态。

（6）加载：均匀缓慢加载至初荷载 F_0，记下各点应变的初始读数；然后分级等增量加载，每增加一级荷载，依次记录各点电阻应变片的应变值ε_i，直到最终荷载。

表 3-9　试件相关参考数据

应变片位置/mm		梁的尺寸和有关参数
1		宽度 b=20mm
2		高度 h=50（25+25）mm
3		跨度 L=650mm
4		荷载距离 a=225mm
5		弹性模量 E_1=206GPa
6		弹性模量 E_2=70 GPa
7		泊松比 μ_1=0.26
8		泊松比 μ_2=0.33

实验至少重复两次，见表 3-10。

表 3-10　实验数据

（单位：$\mu\varepsilon$）

测点 荷载/N		1		2		3		4		5		6		7		8	
		ε	$\Delta\varepsilon$	ε	$\Delta\varepsilon$	ε	$\Delta\varepsilon$	ε	$\Delta\varepsilon$	ε	$\Delta\varepsilon$	ε	$\Delta\varepsilon$	ε	$\Delta\varepsilon$	ε	$\Delta\varepsilon$
600																	
	300																
900																	
	300																
1200																	
	300																
1500																	
	300																
1800																	
应变增量平均值 $\overline{\Delta\varepsilon}$																	

（7）做完实验后，卸掉荷载，关闭电源，整理好所用仪器设备，清理实验现场，将所用仪器设备复原，实验资料交指导教师检查签字。

3.7.5 实验结果的处理

1．实验值计算

根据测得的各点应变值 $\Delta\varepsilon_{i实}$ 求出应变增量平均值 $\overline{\Delta\varepsilon_{i实}}$，应用胡克定律计算各点的实验应力值，因为 $1\mu\varepsilon=10^{-6}\varepsilon$，所以各点实验应力计算：

$$\sigma_{i实}=E\times\overline{\Delta\varepsilon_{i实}}\times10^{-6}$$

2．理论值计算

荷载增量 $\Delta F=300$ N；弯矩增量 $\Delta M=\Delta Fa/2=$ ________N·m。

各点理论值计算：

$$\sigma_{i理}=\frac{k\Delta M\cdot y_i}{I_z}$$

3．绘出实验应力值和理论应力值的分布图

分别以横坐标轴表示各测点的应力 $\sigma_{i实}$ 和 $\sigma_{i理}$，以纵坐标轴表示各测点距梁中性层位置 y_i，选用合适的比例绘出应力分布图。

4．实验值与理论值的比较

将理论值与实验值的比较结果填于表 3-11 中。

表 3-11　理论值与实验值的比较

测　点	理论值 $\sigma_{i实}$ /MPa	实际值 $\sigma_{i理}$ /MPa	相对误差/%

3.8 电阻应变片灵敏度系数的测定（一）

3.8.1 实验目的

（1）进一步了解应变片相对电阻变化与所受应变之间的关系。

（2）学习并掌握应变片灵敏度系数的测定方法，并测定应变片的灵敏度系数。

3.8.2 实验原理

应变片的灵敏度系数定义：当将应变片安装在处于单向应力状态的试件表面，使其轴线与应力方向平行时，应变片电阻值的相对变化与沿其轴向的应变的比值，通常称为应变片的灵敏度系数，用 k 来表示，即

$$k=\frac{\Delta R/R}{\varepsilon}$$

式中，R 为应变片变形前的电阻值；ε 为试件表面沿应变片轴向应变；ΔR 为应变片电阻值的变量。灵敏度系数测定装置如图 3-30 所示。

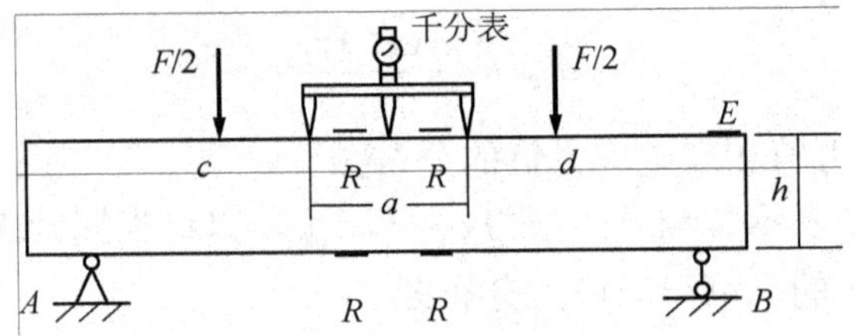

图 3-33 灵敏度系数测定装置

应变片粘贴在构件表面上受应变 ε 作用时，其电阻产生的相对电阻变化 $\Delta R/R$ 与 ε 之间有如下关系：

$$\frac{\Delta R}{R}=k\varepsilon \tag{3-12}$$

只要测出 $\Delta R/R$ 及 ε 值，即可求得应变片的灵敏度系数 k 值，实验方法之一就是采用纯弯曲梁装置、挠度计和电阻应变仪测定应变片的灵敏度系数。

实验梁纯弯曲 CD 段上、下表面的轴向应变 ε（即测点处应变片纵轴方向的应变）可以用挠度计上千分表在测量时所得读数由下式计算求得：

$$\varepsilon=\frac{4hf}{a^2} \tag{3-13}$$

式中，挠度值 f 为千分表读数；h 为纯弯曲梁高度；a 为挠度计跨度。

电阻应变片的相对电阻变化 $\Delta R/R$ 可由应变仪测出的应变 $\varepsilon_{仪}$ 和应变仪所设定的灵敏度系数（$k_{仪}$ 一般设为 2）的乘积求得：

$$\Delta R/R=k_{仪}\cdot\varepsilon_{仪}=2\varepsilon_{仪} \tag{3-14}$$

式（3-12）和式（3-13）代入式（3-14）可得应变片的灵敏度系数：

$$k=\frac{\Delta R/R}{\varepsilon}=\frac{k_{仪}\cdot\varepsilon_{仪}\cdot a^2}{4hf}=\frac{\varepsilon_{仪}\cdot a^2}{2hf} \tag{3-15}$$

3.8.3　实验仪器、设备

（1）电阻应变仪。

（2）纯弯曲梁。

（3）挠度计。

3.8.4　实验步骤

（1）测量、记录梁高度 h、挠度计跨度 a。

（2）按图 3-30 安装挠度计，将纯弯曲梁上 R_1～R_4 四枚应变片分别与 $R_补$ 按半桥接法接入应变仪电桥，将所接各点读数预调为零。

（3）记录挠度计上千分表的初读数 f_0，分别加 0.3kN、0.6kN、0.9kN 荷载，读取千分表读数 f_e，读取各应变片指示应变 $\varepsilon_仪$，列表记录和整理数据。

（4）计算各个应变片在不同荷载下的 k_i 值，进一步了解应变片的相对电阻变化与所受应变之间的关系。

（5）取各应变片的总平均值为灵敏度系数 $\overline{K}$，并计算相对标准偏差：

$$\delta=\frac{s}{\overline{K}}=\frac{1}{\overline{K}}\sqrt{\frac{\sum\limits_{i=1}^{n}(k_i-\overline{K})^2}{n-1}}\times 100\% \tag{3-16}$$

3.8.5　实验结果的处理

将本实验过程中的相关数据记录于表 3-12 中。

表 3-12　灵敏度系数测定结果

（$k_仪$ =2.00）

编号	P/N	f_0	f_e	ε	$\varepsilon_仪$	$\Delta R/R=k_仪\varepsilon_仪$	k
1							
2							
3							

3.8.6 实验报告要求

（1）简述实验步骤。

（2）按记录表计算各应变片灵敏度系数 k_i、灵敏度系数平均值及相对标准误差。

（3）讨论这种测定灵敏度系数方法的误差。

3.9 电阻应变片灵敏度系数的测定（二）

3.9.1 实验目的

掌握电阻应变片灵敏度系数 k 值的标定方法。

3.9.2 实验设备

（1）材料力学多功能实验台中等强度梁实验装置及部件；

（2）游标卡尺、钢直尺、百分表及挠度计。

3.9.3 实验原理和方法

应变片的灵敏度系数 k 值测定方法之二就是采用单向应力状态等强度悬臂梁装置、挠度计和电阻应变仪测定应变片的灵敏度系数。在进行标定时，粘贴在试件上的电阻应变片在承受应变时，其电阻相对变化$\Delta R/R$ 与ε之间的关系为$\Delta R/R=k\varepsilon$，因此，通过测量电阻应变片的$\Delta R/R$ 和试件ε，即可得到应变片的灵敏度系数 k。实验采用等强弯曲梁实验装置，如图 3-31 所示。

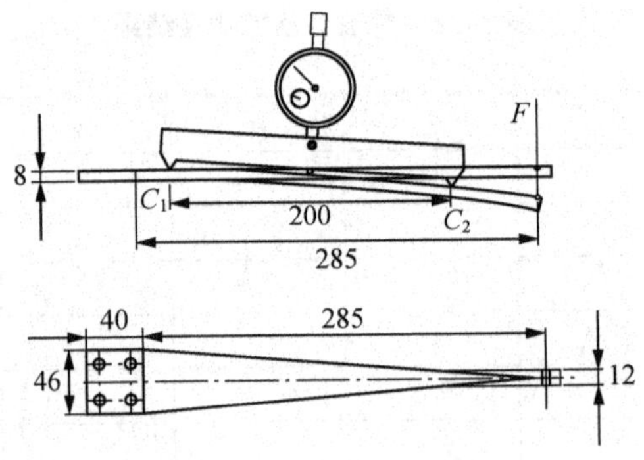

图 3-34　等强弯曲梁实验装置

在梁弯曲段上、下表面沿梁轴线方向粘贴 4 枚应变片，在 C_1C_2 段中间安装一个挠度仪。当梁弯曲时，由挠度仪上千分表可读出测量挠度（即梁在挠度仪长度 $L=200$

的范围内的挠度）。根据材料力学公式和几何关系，可求出等强弯曲梁上、下表面的轴向应变为

$$\varepsilon=\frac{4hf}{L^2} \tag{3-17}$$

式中，h 为标定梁高度；L 为挠度仪的跨度；f 为挠度。

应变片电阻的相对变化 $\Delta R/R$ 可用高精度的电阻应变仪测定。设电阻应变仪的灵敏度系数为 $k_{仪}$，读数为 $\varepsilon_{仪}$，则

$$\frac{\Delta R}{R}=k_{仪}\varepsilon_{仪} \tag{3-18}$$

由式（3-18）可得到应变片灵敏度系数 k：

$$k=\frac{\Delta R/R}{\varepsilon}=\frac{k_{仪}\cdot\varepsilon_{仪}\cdot L^2}{4hf} \tag{3-19}$$

在标定应变片灵敏度系数时，一般把应变仪的灵敏度系数调至 $k_{仪}=2.00$，并采用分级加载方式测量在不同荷载下应变片的读数应变 $\varepsilon_{仪}$ 和梁在挠度仪长度 L 范围内的挠度 f。

3.9.4　实验步骤

（1）设计好本实验所需的各类数据表格。

（2）测量弯曲梁的有关尺寸和挠度仪长度 L，见表 3-13。

表 3-13　试件数据及相关参数

项　目	参　数
标定梁高度	$h=8$mm
标定梁宽度	$b=46$mm
三点挠度仪长度	$L=200$mm
电阻应变仪灵敏度系数（设置值）	$k_0=2.00$
弹性模量	$E=210$ GPa
泊松比	$\mu=0.28$

（3）拟定加载方案。先选取适当的初荷载 F_0（一般取 $F_0=10\%F_{max}$ 左右），确定三点挠度仪上千分表的初读数，估算最大荷载 F_{max}（该实验荷载范围 $F_{max}\leqslant1500$N），确定挠度仪上千分表的增量读数，一般分 3～4 级加载。

（4）本实验采用多点测量中半桥单臂公共补偿接线法。将弯曲梁上各点应变片按序号接到电阻应变仪测试通道上，温度补偿片接电阻应变仪公共补偿端，调节好电阻应变仪灵敏度系数，使 $k_{仪}=2.00$。

（5）按实验要求接好线，调整好仪器，检查整个系统是否处于正常工作状态。

（6）实验加载。均匀慢速加载至初荷载 F_0，记下各点应变片和挠度仪的初读数；然后逐级加载，每增加一级荷载，依次记录各点电阻应变仪的 ε_i 及挠度仪的 f_i，直到最终荷载。实验至少重复 3 次。

（7）做完实验后，卸掉荷载，关闭电源，整理好所用仪器设备，清理实验现场，将所用仪器设备复原，实验资料交指导教师检查签字。

3.9.5 实验结果处理

将本实验过程中的相关数据填入表 3-14 中。

表 3-14 灵敏度系数测定结果

（$k_{仪}$ =2.00）

编号	P/kN	f_0	f_e	ε	$\varepsilon_{仪}$	$\Delta R/R= k_{仪}\varepsilon_{仪}$	k
1							
2							
3							

（1）取应变仪读数、应变增量的平均值，计算每个应变片的灵敏度系数 k_i：

$$K=\frac{\Delta R/R}{\varepsilon}=\frac{k_0\varepsilon_d}{hf}(a^2+f^2+hf)(i=1,\cdots,4)$$

（2）计算应变片的平均灵敏度系数 k：

$$k=\frac{\sum k_i}{n}(i=1,\cdots,n)$$

（3）计算应变片灵敏度系数的标准差 s：

$$s=\sqrt{\frac{1}{n-1}\sum(k_i-K)^2}\ (i=1,\cdots,n)$$

3.10 电阻应变片横向效应系数的测定

3.10.1 实验目的

（1）掌握测定电阻应变片横向效应系数的方法。

（2）加强对电阻应变片横向效应系数的理解。

3.10.2　实验设备

（1）贴有应变片的纯弯曲梁，数字测力仪。

（2）电阻应变仪、卡尺、卷尺。

3.10.3　实验原理和方法

应变片的横向效应大小用横向效应系数来表示，其定义如下：一个单向应变，分别沿栅宽和栅长方向作用于同一应变片，将前一个电阻变化率与后一个电阻变化率之比用百分数来表示，作为这批应变片的横向效应系数，用 H 来表示。

横向效应系数 H 一般是用梁纯弯实验的方法来测定的，在梁纯弯曲段上、下表面上轴向和横向各贴一个应变片 R_1、R_2 和 R'_1、R'_2，如图 3-35 所示。

当梁受力发生弯曲变形时，应变片 R_1 受压应变，应变片 R_2 因泊松效应受拉应变 $\varepsilon_2=-\mu\varepsilon_1$，用应变仪分别测量其 $\Delta R_1/R_1$ 和 $\Delta R_2/R_2$：

$$\left.\begin{aligned}\frac{\Delta R_1}{R_1}&=k_{仪}\cdot\varepsilon_{1仪}=k_L\varepsilon_1+k_B(-\mu\varepsilon_1)=k_L\varepsilon_1+k_B\varepsilon_2\\\frac{\Delta R_2}{R_2}&=k_{仪}\cdot\varepsilon_{2仪}=k_B\varepsilon_1+k_L(-\mu\varepsilon_1)=k_L\varepsilon_2+k_B\varepsilon_1\end{aligned}\right\}\tag{3-20}$$

式中，$k_{仪}$ 为电阻应变仪灵敏度系数设定值（$k_{仪}=2.0$），假设测量两个应变片的$\Delta R/R$ 时 $k_{仪}$ 放在相同位置；k_L 为应变片纵向灵敏度系数；k_B 为应变片横向灵敏度系数；μ 为梁材料的泊松比，μ=0.285（钢材）。

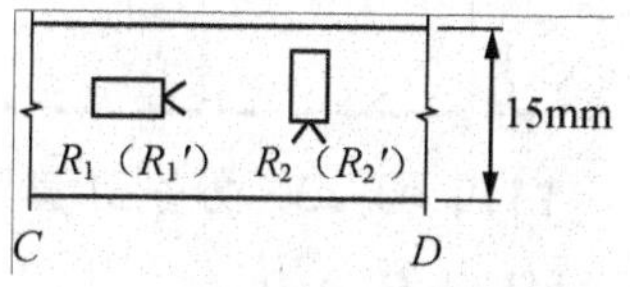

图 3-35　轴向和横向应变片示意图

应变片的横向效应系数 $H=k_B/k_L$，式（3-20）中两式相除，则有

$$\frac{\varepsilon_{1仪}}{\varepsilon_{2仪}}=\frac{k_L\varepsilon_1(1-\mu H)}{k_L\varepsilon_1(H-\mu)}=\frac{1-\mu H}{H-\mu}\tag{3-21}$$

即

$$\varepsilon_{1仪}(H-\mu)=(1-\mu H)\varepsilon_{2仪}$$

整理得

$$H=\frac{\varepsilon_{2仪}+\mu\varepsilon_{1仪}}{\varepsilon_{1仪}+\mu\varepsilon_{2仪}}\times100\%\tag{3-22}$$

其中，如果 $\varepsilon_{1仪}$ 为正，则 $\varepsilon_{2仪}$ 为负。

3.10.4　实验步骤

（1）纯弯曲梁 CD 段上、下表面各贴有一组应变片 R_1 和 R_2、R_1'和 R_2'，梁支座

外上贴有应变片 $R_{补}$，将 R_1 和 R_2、R_1'和 R_2'与 $R_{补}$ 按半桥接法接入电桥，预调为零。

（2）加荷载 0.9kN，用应变仪测出 $\varepsilon_{1仪}$、$\varepsilon_{2仪}$、$\varepsilon'_{1仪}$、$\varepsilon'_{2仪}$ 记录在实验表中，加卸载 3 次，取 3 次应变读数平均值。

3.10.5 实验结果的处理

将本实验中的相关数据填入表 3-15 中。

表 3-15 横向效应系数测试数据表

（$k_{仪}$ =2.00）

编号	F/N	$\varepsilon_{1仪}$	$\varepsilon_{2仪}$	$\varepsilon'_{1仪}$	$\varepsilon'_{2仪}$	$H_{上}$	$H_{下}$
1							
2							
3							

由式（3-22）分别计算上、下两组应变片的横向效应系数 $H_{上}$ 及 $H_{下}$，取平均值：$H=(H_{上}+H_{下})/2$。

3.11 工程桁架结构内力测定实验

3.11.1 实验目的

（1）通过对焊接、铆接和铰接不同连接方式的工程桁架结构模型施加不同的荷载，测量出各杆件所受的内力值，并与相应材料与尺寸的理想桁架杆件内力的理论计算值进行分析比较，加深对实际工程结构合理力学建模的认识。

（2）掌握工程结构应变测量的基本方法。

3.11.2 实验仪器

（1）贴有应变片的桁架实验台。

（2）电阻应变仪，数字测力仪。

3.11.3　实验装置

桁架杆件有关参数：杆长 L=200mm；外径 D=14 mm；内径 d=10.6mm；弹性模量 E=206GPa；泊松比μ=0.28。

3.11.4　实验原理和方法

桁架是建筑工程结构应用较为广泛的一种结构型式，主要用于体育馆、报告厅、礼堂等大空间屋架上，实验台采用蜗杆和螺旋复合加载机构，通过传感器及过渡加载附件对模型进行施力加载，加载力大小经拉力传感器由测力仪显示所加力值。在该实验模型某个节点处沿垂直方向加一个集中荷载，如图 3-36 所示，使桁架杆件受力，经贴在杆件上的应变片感受应变并通过应变仪测出应变值来。由公式 $\sigma=E\varepsilon$ 可以计算出杆件的应力大小。考虑到桁架杆件可能会有偏心受力的影响，可在杆件中间段的前后对称位置各贴一个应变片接成对桥电路，其读数为单片时的 2 倍，以减小测量误差。

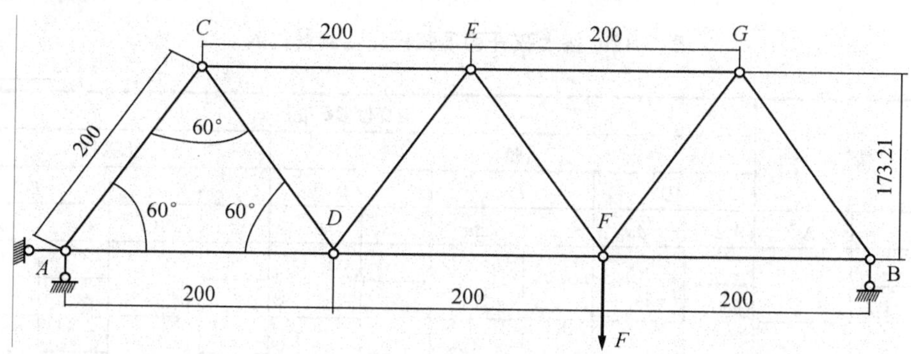

图 3-36　桁架简图

3.11.5　实验步骤

（1）安装好所测的桁架。

（2）将应变片按对桥的方法接到应变仪上，并接好公共补偿片。

（3）打开测力仪、应变仪电源开关，预热 10min。

（4）调节应变仪灵敏度系数和电阻片灵敏度系数，使两者一致。

（5）对仪器读数进行初始清零。

（6）用增量法分级加载，并读取各测点的应变读数，记录在表 3-16 和表 3-17 中，最大荷载不能超过 3000N。

表 3-16　各腹杆应变测量数据

（$k_{仪}$ =______　$k_{片}$ =______）

荷载/N		应变仪读数（με）腹杆											
		AC		*CD*		*DE*		*EF*		*FG*		*GB*	
F	Δ*F*	ε	Δε	ε	Δε	ε	Δε	ε	Δε	ε	Δε	ε	Δε
均值		$\Delta\varepsilon_1$=		$\Delta\varepsilon_2$=		$\Delta\varepsilon_3$=		$\Delta\varepsilon_4$=		$\Delta\varepsilon_5$=		$\Delta\varepsilon_6$=	

表 3-17　各上弦杆和下弦杆应变测量数据

（$k_{仪}$ =______　$k_{片}$ =______）

荷载/N		应变仪读数/με									
		下弦杆						上弦杆			
		AD		*DF*		*FB*		*CE*		*EG*	
F	Δ*F*	ε	Δε	ε	Δε	ε	Δε	ε	Δε	ε	Δε
均值		$\Delta\varepsilon_7$=		$\Delta\varepsilon_8$=		$\Delta\varepsilon_9$=		$\Delta\varepsilon_{10}$=		$\Delta\varepsilon_{11}$=	

3.11.6　实验结果处理

（1）计算铰接桁架各测杆应力的理论值，并与实测值进行比较。

（2）计算桁架在 3 种连接型式下各测杆应力的实测值。

（3）讨论并比较桁架在 3 种连接型式下各测杆应力变化情况（表 3-18）和测量误差。

表 3-18　不同连接型式杆件数据比较

（ΔF=______）

杆件类型	杆件名称	连接型式	$\Delta\varepsilon_i$	ΔF_{Ni}	杆件类型	杆件名称	连接型式	$\Delta\varepsilon_i$	ΔF_{Ni}
腹杆	AC	铰接			下弦杆	AD	铰接		
		铆接					铆接		
		焊接					焊接		
	CD	铰接			下弦杆	DF	铰接		
		铆接					铆接		
		焊接					焊接		
	DE	铰接				FB	铰接		
		铆接					铆接		
		焊接					焊接		
	EF	铰接			上弦杆	CE	铰接		
		铆接					铆接		
		焊接					焊接		
	FG	铰接				EG	铰接		
		铆接					铆接		
		焊接					焊接		
	GB	铰接							
		铆接							
		焊接							

第 4 章　光测力学实验

4.1　光弹性仪及应力光学效应

4.1.1　实验目的

（1）熟悉光弹性仪的构造及各部件的作用。

（2）掌握光弹性仪的调试及使用。

（3）观察受力光弹性塑料模型在偏振光场中的应力光学现象。

4.1.2　实验设备

（1）408 型光弹性仪一台，TST-1002 微型数码光弹仪三台。

（2）光弹性塑料模型三组。

4.1.3　实验原理和方法

1. 408 型光弹性仪

（1）光弹性仪的构造及各部件的作用。光弹性应力分析实验最基本的设备为光弹性仪，图 4-1 为国产 408 型光弹性仪的结构示意图，它由下列部件组成。

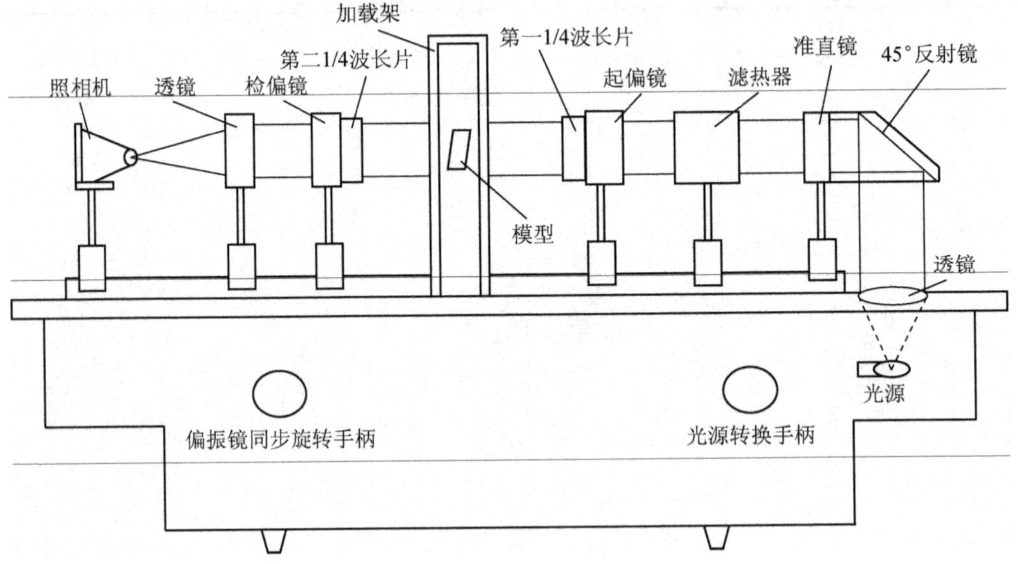

图 4-1　光弹性仪的结构

① 光源：有白光灯和钠灯等。白光灯产生白光，白光是由红、橙、黄、绿、青、蓝、紫各种色光组成，它们的波长由红色到紫色在 7600～4000Å 的范围内。钠光灯产生的单色光为黄光，其波长为 5893Å。

② 透镜：将光源聚光到焦点。

③ 45° 反射镜：将垂直光变为水平光。

④ 准直镜：使光变成平行光柱垂直通过模型。

⑤ 滤热器：用来吸热，保护其后面的光学元件。

⑥ 起偏镜与检偏镜：起偏镜用来将来自光源的自然光变为平面偏振光；检偏镜是用来检验光波通过的情况。当起偏镜与检偏镜的偏振轴互相垂直为正交平面偏振布置，观察到的为暗场；当两镜偏振轴互相平行，为平行平面偏振布置时，观察到的为亮场。

⑦ 第一 1/4 波长片：产生圆偏振光，其快、慢轴与起偏镜偏振轴成 45° 角，从而把来自起偏镜的平面偏振光变为圆偏振光。通过其快轴的光波较慢轴的领先 1/4 波长。

⑧ 第二 1/4 波长片：该波长片的快轴和慢轴恰与第一 1/4 波长片的慢轴和快轴对应，因而抵消第一 1/4 波长片产生的相值差，将圆偏振光还原为平面偏振光。

⑨ 加载架：使模型受力。

⑩ 透镜：使平行光聚焦。

⑪ 照相机：供摄影用。

⑫ 偏振镜同步旋转系统：使起偏镜和检偏镜同步旋转。

⑬ 光源转换系统：更换光源。

⑭ 电源控制系统，控制电器系统。

⑮ 光弹仪台：支撑各部件。

（2）光弹性仪的调试及使用。

① 将光弹性仪机身调整平稳，通过调节台下 4 个地脚螺钉实现。

② 将滤热器、起偏镜、检偏镜、第一 1/4 波长片、第二 1/4 波长片及成像透镜卸下，将投影屏幕调整到适当位置。

③ 打开总电源，然后打开白光灯，观察散热风扇，要同时转动正常工作，将白光灯调整到工作位置（在屏幕上观察到均匀的白光场）。

④ 调节 45° 反射镜及准直镜的支架高度，在屏幕上得到直径与准直镜孔径基本相同的均匀圆光场。

⑤ 装入滤热器调节支架使其与光场同轴。

⑥ 装入起偏镜，调节支架使其与光场同轴后，再将同步旋转传动杆装上，转动同步旋转手柄，使其偏振轴铅垂（即黑色刻度 90° 与标准线重合）。

⑦ 装入检偏镜，调节支架使其与光场同轴后，再将同步旋转传动杆装上，同时

将起偏镜同步旋转传动杆卸下，转动同步旋转手把，这时可观察到屏幕上的光场一会亮场，一会暗场，即两偏振轴平行得到亮场，垂直得到暗场。将检偏轴调到水平（即黑色刻度0° 与标准线重合），即得到正交暗场，这时在光场中放入模型可观察到等倾线和等差线图案。

⑧ 装入第一 1/4 波长片，将其调到 0°，在迎光方向顺时针旋转 45°，即调到45° 刻度线，快轴与起偏轴夹角为 45°。

⑨ 装入第二块 1/4 波长片，将其调到 0° 后，在迎光方向逆时针旋转 45°，即调到 45° 刻度线，慢轴恰与第一 1/4 波长片的快轴平行。这时就得到了一个正交圆偏振光的暗场，放入受力光弹模型时只能得到等差线图，消除了等倾线。

⑩ 装入成像透镜，调节其与屏带的距离，可在屏幕上得到所需大小的光弹性模型图像。

（3）观察受力光弹性模型在偏振光场中的应力光学现象。

① 在光弹性仪调试过程中，观察暗场、亮场平面偏振光及圆偏振光的现象。

② 在白光源下，在平面偏振光场中观察环氧树脂模型（圆环）在受力和不受力的情况下的暂时双折射现象。

③ 在白光源下的平面偏振光场中观察环氧树脂模型（圆盘）在上、下对称受力作用下，观察等差线、等倾线的产生及其变化规律。

④ 在白光源下的平面偏振光场中观察有机玻璃模型（圆盘或圆环）的等倾线条纹及其特点，与环氧树脂模型比较材料的光-力学灵敏性。

⑤ 在白光源下，将平面光场调成正交暗光场，布置正交圆偏振光场，将环氧树脂圆环或圆板模放入该光场中，改变其作用力，观察其等差线及其特点，并且依据不同色光判断多方增加方向。

⑥ 将光源变为单色光源（钠光灯，黄色）观察整数级条纹和亮场中的半级条纹，了解手工描绘或照相机拍摄等差线的方法。

2. TST-1002 微型数码光弹仪

（1）TST-1002 微型数码光弹仪的构造。TST-1002 微型数码光弹仪的构造如图 4-2 所示，其中主要部件包括：

① 计算机主机：操作软件载体。

② 计算机主屏：显示软件控制和结果。

③ 光弹图像：光弹性应力分析的主要信息。

④ 光源：提供单色、复色漫射光源。

⑤ 起偏镜或加 1/4 波长片：提供线偏振光场或圆偏振光场。

⑥ 定位固定圈：固定加载架，指示加载架转动角度。

⑦ 加载架：给光弹模型提供荷载。

⑧ 拉压螺旋杆：对光弹模型施加规定范围内的力。

⑨ 同⑥。

⑩ 紧固旋钮：固定偏振镜和定位固定圈。

⑪ 检偏镜或加 1/4 波长片：检验线偏振光场或圆偏振光场，输出应力光学图像。

⑫ 摄像头：实时记录光弹模型的受力状况。

⑬ 偏振镜或加 1/4 波长片：该光弹仪的配件。

⑭ 光弹仪底座：固定主支架和摄像头。

⑮ 光弹模型。

⑯ 光源控制器：可提供白、红、绿、蓝光场。

⑰ 荷载显示器：显示施加在光弹模型上的荷载值，单位 kg。

⑱ 计算机的键盘。

⑲ 计算机的鼠标。

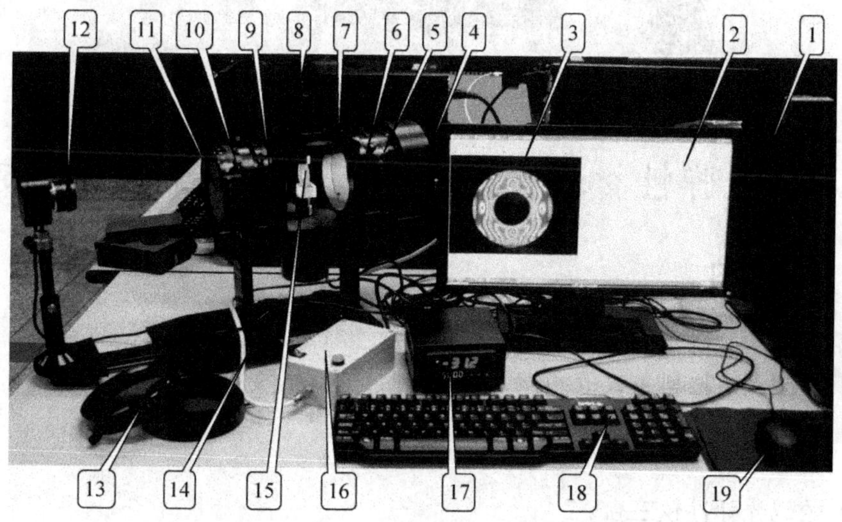

图 4-2　TST-1002 微型数码光弹仪的构造

（2）光弹仪的安装与调试。

① 打开仪器箱，依次取出底座 14 和两个底座固定旋钮，把主支架固定在底座上。

② 加载架和主支架作为整体已经装配好，上面所配镜头为线偏振镜头。

③ 取出摄像头支架，小心安装上摄像头 12，调整到适当高度。

④ 将光源 4 安装在起偏镜 5 上。

⑤ 按照图 4-3 所示的样式放好仪器主机。

⑥ 取出传感器的数显表，安装好传感器信号线，以及荷载显示器电源线。

⑦ 利用光源控制器进行光源选择。

⑧ 做实验时，根据模型选择对应的夹具，将其安装在加载架 7 上。

⑨ 通过旋转加载架顶端的螺旋杆 8 对模型施加适当的力（顺时针施加拉力，荷载显示器显示为负值；逆时针施加压力，荷载显示器显示为正值）。

⑩ 在更换镜片时，要轻拿轻放，线偏振镜（PL）和圆偏振镜（CPL）要分开，防止混淆（见镜头标记为 PL、CPL）。

图 4-3 仪器主机

4.2 光弹性材料条纹值和应力集中系数的测定

4.2.1 实验目的

（1）学会绘制等差线图，确定条纹级数（整数级和半级）。

（2）掌握测定材料条纹值和应力集中系数的方法。

4.2.2 实验设备

（1）数码光弹性仪三台。

（2）标准试件（圆盘）一个，应力集中试件一个。

4.2.3 实验原理和方法

1. 光弹性材料条纹值的测定

光弹性材料条纹值 f 是光弹性材料的一个主要性能参数，它只与模型材料常数 C 和光波长 λ 有关，而与模型形状、尺寸和受力方式无关。因此，我们在模型相同的材料上截取一个标准试件（圆盘）。

（1）测试原理。

标准试件圆盘直径为 D，厚度为 h，施加对径受压荷载，如图 4-4 所示。

由弹性力学知，在对径受压圆盘中心处应力为

$$\sigma_1=\frac{2F}{\pi Dh}\text{，}\sigma_2=-\frac{6F}{\pi Dh}$$

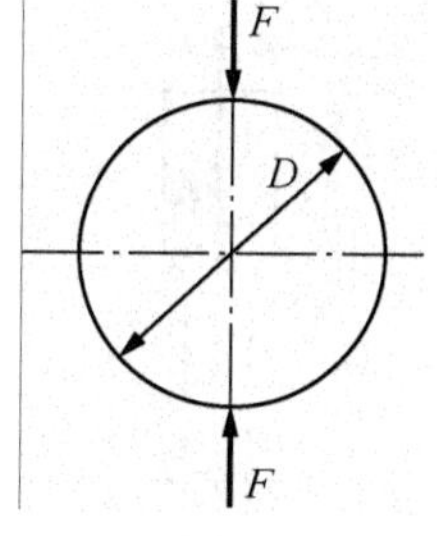

图 4-4　对径受压圆盘

于是

$$\sigma_1-\sigma_2=\frac{8F}{\pi Dh}$$

在光弹性实验等差线图上，测得圆盘中心处的条纹级数 N，根据 $\sigma_1-\sigma_2=\frac{Nf}{h}$ 得

$$f=\frac{8F}{\pi DN}$$

（2）实验步骤。

① 将光弹仪调试到正交圆偏振光场下（暗场），选用单色（红、黄、绿）光源。

② 将加载架调试到对径受压圆盘状态，并将事先加工的标准试件圆盘放入加载架中，将其调整到光场中心。

③ 试加荷载观察变化情况，正常后再将荷载卸到零，重新加载。一边加载一边观察圆盘中心条纹级数的变化，使其到某一个整数级最为理想，同时记下荷载值。

④ 在图像屏幕硫酸纸上用铅笔描绘（或用照相机记录）该模型的等差线条纹图。

⑤ 由等差线条纹图确定圆盘中心点的等差线级数。

⑥ 应用 $f=\frac{8F}{\pi DN}$ 计算该光弹性材料条纹值。

2. 测定应力集中系数

（1）测值试原理。

在平面光弹性实验中，可以准确地测定边界应力，并且还可以准确地测定有开孔或缺口的试件应力集中区的最大应力和应力集中系数。

光弹模型试件自由边界上应力集中区最大应力为

$$\sigma_{\max}=N_{\max}\frac{f}{h}$$

式中，$N_{\max}$ 为应力集中区的最大条纹级数。

应力集中系数为

$$\alpha_{\mathrm{K}}=\frac{\sigma_{\max}}{\sigma_{\mathrm{N}}}$$

式中，σ_{N} 为最大应力点计算的名义应力。

（2）实验步骤。

① 将光弹性仪调试到正交圆偏振光场（暗场）选用单色（红、黄、绿）光源。

② 将事前加工好的中心开孔（或缺口）的受拉或压试件（图 4-5）装入加载架，并加荷载，调整荷载使试件中心孔（或缺口）边产生整数级条纹，记下荷载 P。

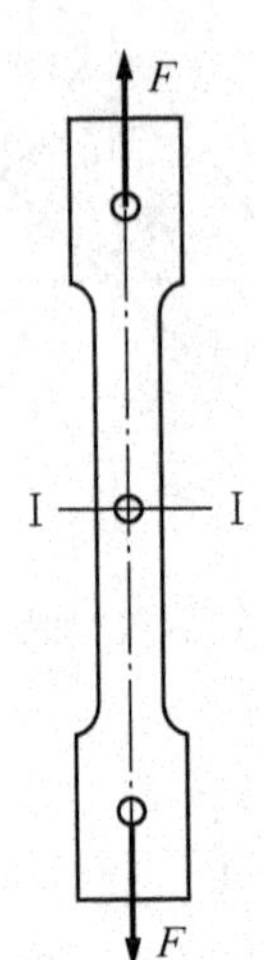

图 4-5 对称受拉试件

③ 在图像屏幕硫酸纸上描绘出（或用照相机记录）该试件的等差线条纹图。

④ 在等差线条纹图上确定出应力集中区最大条纹级数 $N_{\max}$。

⑤ 由 $\sigma_{\max}=N_{\max}\dfrac{f}{h}$ 计算出最大应力 $\sigma_{\max}$。

⑥ 由 $\sigma_N=P/A$（式中 A 为试件应力集中处试件的名义截面面积）计算出该截面处的名义应力。

⑦ 由 $\alpha_K=\dfrac{\sigma_{\max}}{\sigma_N}$ 计算应力集中系数。

3. 用钉压法确定边界上应力负号

在垂直于模型边界上，对研究点用钉尖施加一个微小的法向压力，同时观察该点条纹级数的变化。如条纹级数增加，则该点边界应力为第一主应力 σ_1（正）；反之，为第二主应力 σ_2（负）。该方法可用弯曲试件进行观察。

4.3 平面光弹性实验

4.3.1 实验目的

（1）掌握绘制等倾线条纹图的方法，巩固等差线条纹图的绘制。

（2）学会用剪应力差法计算截面上应力的方法。

（3）用光弹性实验方法分析计算出对角受压方板模型，对角线 1/4 截面上的 σ_x、σ_y 及 τ_{xy}。

4.3.2 实验设备

（1）数码光弹性仪三台。

（2）平面应力光弹性模型（方板）一个。

4.3.3 实验方法

（1）将光弹性仪调试到正交平面偏振光场下，选用白光源。

（2）将方板模型放入加载架中加载到适当荷载。

（3）在图像屏幕硫酸纸上描绘（或用照相机记录）等倾线条纹图。

① 旋转偏振镜同步旋转手柄，使检偏振轴水平，这时的等倾线为 0° 等倾线，将其描绘下来，并注明度数。

② 旋转偏振镜同步旋转手柄，使偏振镜迎光源方向逆时针旋转，每增加 10°，即 10°、20°、30°、…、90° 各描绘一簇等倾线并注明其角度数。

③ 将检偏镜轴再调到水平 0°，然后在 10°、20°、…、90° 之间再分别将偏振镜调到 5°、15°、25°、…、85°。插入描绘一等倾线。

（4）将光弹仪调到正交圆偏振光场，用单色（红、黄、绿）光源，绘制（或用照相机记录）方板的等差线条纹图。

（5）用剪应力差法分析计算方板 *OK* 线所在截面上的 σ_x、σ_y、τ_{xy}。

① 在等差线和等倾线上画出计算截面线 *OK*（图 4-6）、上辅助截面线 *AB* 和下辅助截面线 *CD*。

② 取适当的比例尺，沿截面线与等差线交点作出 *OK*、*AB* 和 *CD* 线所在截面的等差线分布图，记为 N_{OK}、N_{AB}、N_{CD}。以同样的方法作出主应力方向分布图（以 σ_1 方向为准），记为 θ_{OK}、θ_{AB}、θ_{CD}。

③ 根据截面尺寸的长短和等差线及等倾线的变化梯度，取适当的 Δx 和 Δy，一般取 $\Delta x=\Delta y=3\sim5\text{mm}$。这样就将计算截面分成若干个计算点。

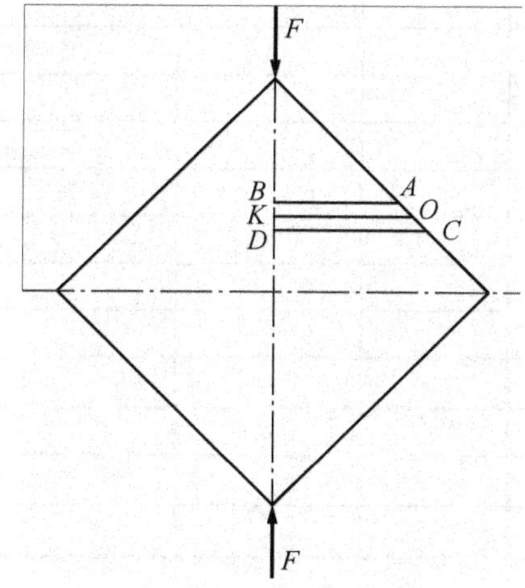

图 4-6　对角受压方板模型

④ 分别在图上 N_{OK}、N_{AB}、N_{CD}、θ_{OK}、θ_{AB}、θ_{CD} 按点号量下确定相应 *N* 值和 θ 值，并依次记入表 4-1 中。

⑤ 剪应力的大小及符号。各截面上各点的剪应力大小按下式计算：

$$\tau_{xy}=\frac{N}{2}\sin 2\theta \tag{4-1}$$

在计算时，应力单位先用（条）来表示，这时 $(\sigma_1-\sigma_2)=N$ (条)，正号的 θ（σ_1 方向）对应于正的剪应力，其关系如图 4-7 所示。

表 4-1　计算表格

点　号		0	1	2	…	K
上辅助截面 *AB*	$N/2$/条					
	2θ /（°）					
	Sin2 θ					
	τ_{AB}/条					
下辅助截面 *CD*	$N/2$/条					
	2θ /（°）					
	Sin2 θ					
	τ_{CD}/条					
$\Delta\tau$ /条						
$\Delta\tau_{OK}$/条						
$\Delta\tau\cdot\dfrac{\Delta x}{\Delta y}$ /条						
计算截面 *OK*	σ_x					
	$N/2$/条					
	2θ/（°）					
	Sin2θ					
	τ_{xy}/条					
	N/条					
	cos2θ					
	N cos2θ/条					
	σ_y /条					
	σ_x/MPa					
	σ_y/MPa					
	τ_{xy}/MPa					

⑥ 计算$\Delta\tau_{xy}$：

$$\Delta\tau_{xy}=(\tau_{xy})_{AB}-(\tau_{xy})_{CD} \tag{4-2}$$

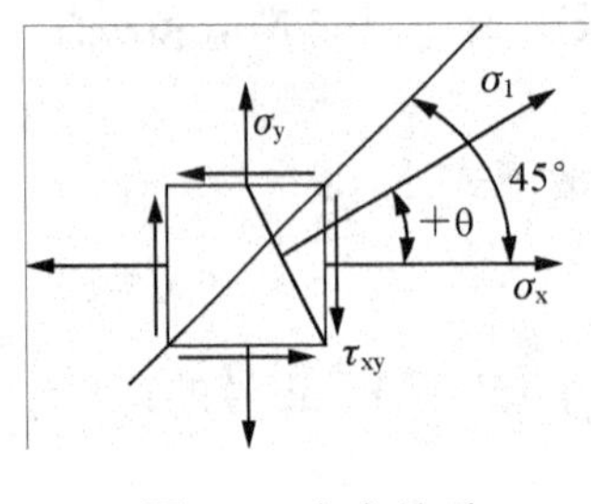

图 4-7　应力关系

⑦ $\dfrac{\Delta x}{\Delta y}$的正负号：$\Delta x$与 OX 轴同向为正，当τ_{xy}按式（4-2）计算时，Δy为正号，反之为负号。

⑧ 初始值$(\sigma_x)_0$：点 O 应取在空边上（或取在已知的分布荷载作用边上），这时$(\sigma_x)_0$为已知值。于是，相当于 i=1，有

$$(\sigma_x)_1=(\sigma_x)_0-(\Delta\tau_{xy})_{OK1}\Big|_0^1\frac{\Delta x}{\Delta y}$$

当 $i=2$，则有

$$(\sigma_x)_2=(\sigma_x)_1-(\Delta\tau_{xy})_{OK2}\Big|_1^2\frac{\Delta x}{\Delta y}$$

……

⑨ σ_y 的计算：

$$\sigma_y=\sigma_x\pm N\cos 2\theta \tag{4-3}$$

由图 4-7 可知，当 $\theta=45°$ 时，$\sigma_x=\sigma_y$，当 $\theta<45°$ 时，$\sigma_x>\sigma_y$，$N\cos2\theta$ 前应取负号；当 $\theta>45°$ 时，$\sigma_x<\sigma_y$，$N\cos2\theta$ 前应取正号。

⑩ 以上计算得到的 σ_x、σ_y 和 τ_{xy} 的单位均为条。已知材料条纹值为 f，模型厚度为 h，则比值 f/h 称为模型条纹值，其单位为 MPa。

⑪ 按表 4-1 各点 σ_x、σ_y 和 τ_{xy} 描绘计算截面的应力布图。

4.4 激光全息干涉法测量静位移实验

4.4.1 实验目的

（1）初步掌握全息照相技术。

（2）利用双曝光法测量构件的静位移。

4.4.2 实验设备

（1）全息工作台及光学元件。

（2）氦氖激光器。

（3）全息底片。

（4）暗室及冲洗设备。

（5）加载装置与砝码一套。

（6）试件一个。

4.4.3 实验方法

（1）按图 4-8 所示光路调整光路系统，应使物光与参考光的光程基本相等，且使照明方向与观察方向和构件的位移方向基本一致，即使 $\cos\theta_1\approx\cos\theta_2\approx1$，式中 θ_1 为照明方向与位移方向的夹角，θ_2 为观察方向与位移方向的夹角。参考光与物光交于底片的夹角以 20° 左右为宜，参考光与物光的光强比为 1～5。

（2）如图 4-8 所示的实验装置，将构件固定在加载架上，通过一滑轮用砝码实现。

① 在构件荷载作用处安装千分表，并记下初始读数。

② 关闭激光器前面的快门，夹装全息底片，全息底片与构件的变形垂直。拍摄全息图，采用两次曝光法，未加载时曝光一次，然后轻轻加载，再曝光一次，两次曝光时间相同。

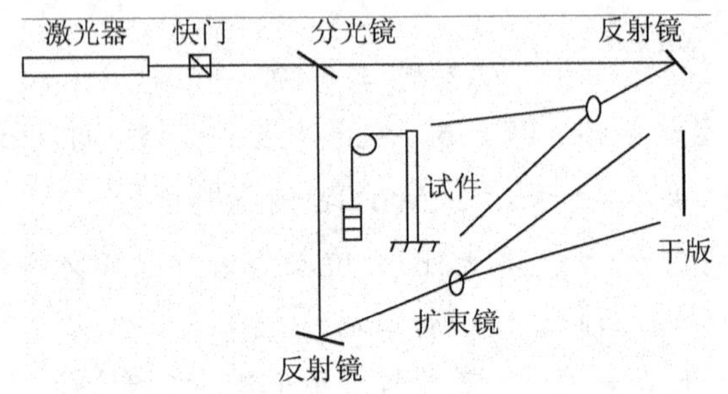

图 4-8 全息测变形的装置及光路

③ 曝光后的全息底片取下，放入显影液中冲洗，不断轻轻扰动液面，在青绿光灯下发现全息底片变黑后，取出放入清水中冲洗干净。一般显影不超过 3min，定影为 2～4min。

④ 定影后的全息底片吹干水滴，放在原来的位置用激光再现，用一束参考光照射全息底片，可观察到物像，即构件上的条纹，数出构件被测点的条纹级数，按下列公式计算出构件被测点的法向位移：

$$D=\frac{N\lambda}{2} \quad \text{（对应于亮条纹）}$$

$$D=\frac{(2N+1)\lambda}{2} \quad \text{（对应于暗条纹）}$$

式中，λ为激光波长，$\lambda=6328\,\text{Å}$ 。

⑤ 记下千分表的读数和算出构件被测点的变形，并进行比较。

4.5 激光全息干涉法测量动位移实验

4.5.1 实验目的

（1）掌握用激光全息的时间平均法测物体动位移的原理及方法。

（2）观察振动物体的激光全息振型图。

4.5.2　实验设备与试件

（1）全息工作台及光学元件。

（2）氦氖激光器。

（3）全息底片。

（4）暗室及冲洗设备。

（5）信号源、功放器、激振器、拾振器、测振仪、监视器各一台。

（6）被测模型一个。

4.5.3　实验方法

按图 4-9 所示光路调整光路系统，应使物光与参考光的光程基本相等，且使照明方向和观察方向与模型测试面的振幅方向基本一致，即使 $\cos\theta_1 \approx \cos\theta_2 \approx 1$，式中 θ_1 为照明方向与振幅方向的夹角，θ_2 为观察方向与振幅方向的夹角。参考光与物光交于底片的夹角以 20° 左右为宜，参考光与物光的光强比为 1～5。

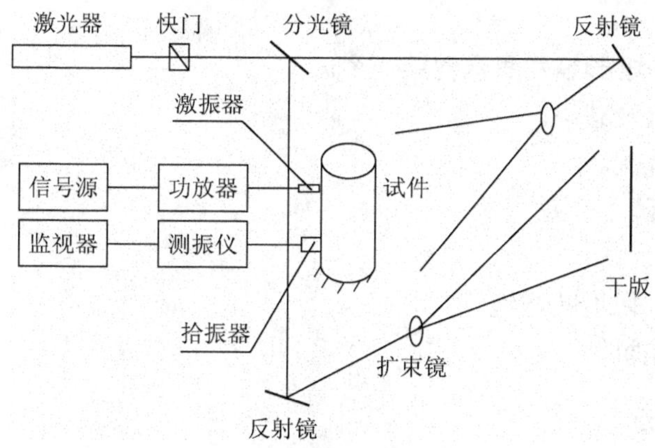

图 4-9　全息动测的装置及光路

（1）如图 4-9 所示的实验装置，模型下端固定在一个质量较大的基座上；连接激振、拾振系统各仪器的连线。

（2）打开激振和拾振系统各仪器，调节信号源的频率并观察监视系统使模型共振，同时控制好振幅。

（3）关闭激光器前面的快门，夹装全息底片，待各部件稳定后曝光，拍摄全息图（曝光时间要远远大于模型的振动周期）。

（4）将曝光后的全息底片取下，放入显影液中冲洗，不断轻轻扰动液面，在青绿光灯下发现全息底片变黑后，取出放入清水中冲洗干净。一般显影不超过 3min，定影为 2～4min。

（5）将定影后的全息底片吹干水滴，放在原来的位置用激光再现，用一束参考光照射全息底片，可观察到物像即模型的振型图。各点的振幅可根据零阶贝塞尔函数进行计算。

4.6 激光间接散斑法实验

4.6.1 实验目的

（1）了解用激光间接散斑法测量面内位移的方法。

（2）掌握用激光间接散斑法测量面内位移的原理。

（3）学会对激光散斑图用逐点和全场法进行分析。

4.6.2 实验设备与试件

（1）氦氖激光器。

（2）扩束镜。

（3）试件——矩形等截面悬臂梁一个。

（4）加载装置及砝码。

（5）照相机镜头。

（6）全息干版。

（7）屏幕。

（8）准直镜、傅里叶透镜。

（9）照相机座机。

4.6.3 实验方法

（1）按图 4-10 布置光路，激光经扩束镜扩束照亮梁试件，照相机的光轴垂直于梁的被测面，对准梁的侧面聚焦。

（2）关闭快门，装上全息干版。在未加载前，进行第一次曝光。加载后，进行第二次曝光，两次曝光时间相等。

（3）取下全息干版，进行显影定影处理，吹干后即得到两次曝光的散斑图。

（4）对散斑图逐点进行分析。

① 散斑图放置在如图 4-11 所示光路中的 x_0Oy_0 平面。

② 将散斑图中的梁中性层沿长度方向 n 等分，得到 n 个测点。

③ 用激光束逐点照射这些测点，在屏幕 x_1Oy_1 平面上分别可得 n 个相应的杨氏条纹图；量下杨氏条纹的间距δ，记于表 4-2 中，计算次梁各点的挠度。

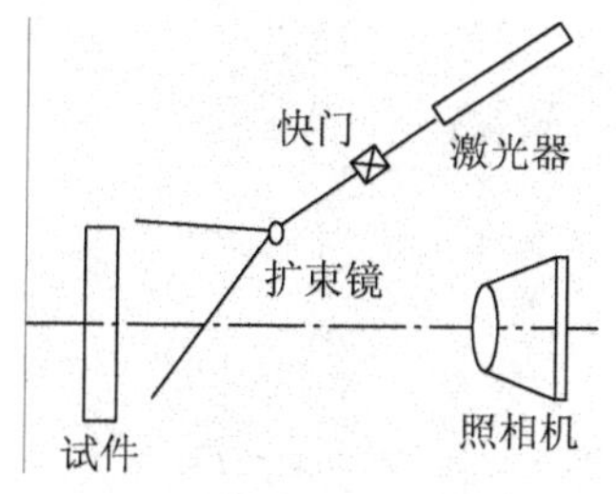

图 4-10　激光间接散斑记录光路

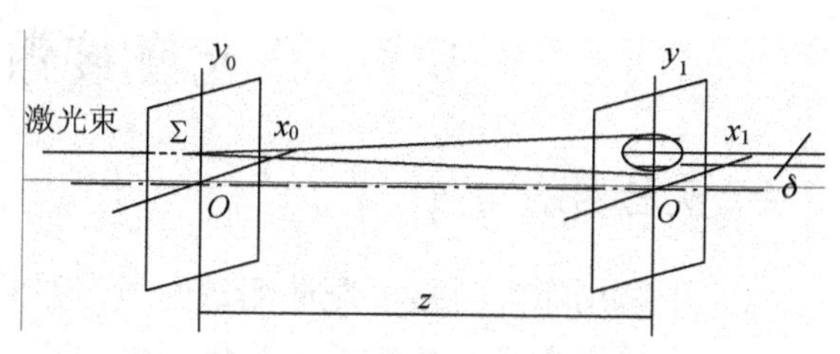

图 4-11　散斑逐点分析系统

表 4-2　实验数据记录（一）

测　点	1	2	…	n
距固定端距离				
杨氏条纹间距				
挠度 $W=\lambda z/\delta$				

注：λ为激光波的波长。

（5）全场分析。

① 将散斑图放置于如图 4-12 所示富氏变换光路系统中的 x_0Oy_0 进行全场分析。在变换平面 x_1Oy_1 上放置一不透明的黑纸，黑纸上沿 y_1 轴在距原点 y 处开一小孔，经过照相机座机的镜头，在成像平面上可得全场干涉条纹，用描图纸描下全场干涉条纹。

② 定干涉条纹级数，按表 4-3 计算。

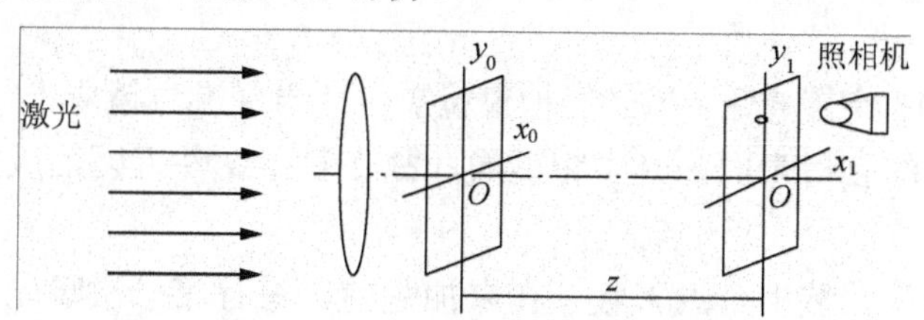

图 4-12　散斑全场分析系统

表 4-3　实验数据记录（二）

测　点	1	2	…	n
条纹级数 N				
在图像上距固定端的距离				
在试件上距固定端的距离				
挠度 $w=Nf\lambda/y$				

注：λ为富氏变换透镜的焦距。

4.7　激光直接散斑法实验

4.7.1　实验目的

（1）了解用激光直接散斑法测量面内位移的方法。

（2）掌握用激光直接散斑法测量面内位移的原理。

（3）进一步掌握对激光散斑图用逐点和全场法进行分析的方法。

4.7.2　实验设备

（1）氦氖激光器。

（2）扩束镜、准直镜。

（3）试件——矩形等截面悬臂梁一个。

（4）加载装置及砝码。

（5）照相机镜头。

（6）全息干版。

（7）屏幕。

（8）傅里叶透镜。

（9）照相机座机。

4.7.3　实验方法

（1）按图 4-13 布置光路，激光经扩束镜扩束后再经准直镜成平行光照亮梁试件，由于试件为透明的且后表面为光学粗糙面，故在射出试件近区形成空间散斑场，使其后的干版感光。

（2）关闭快门，装上全息干版。在未加载前，进行第一次曝光。加载后，进行第二次曝光，两次曝光时间相等。

（3）取下全息干版，进行显影定影处理，吹干后即得到散斑图。

（4）将散斑图逐点进行分析。

① 将散斑图放置在如图 4-14 所示的光路中的 x_0Oy_0 平面。

② 将散斑图中的梁中性层沿长度方向 n 等分，得到到 n 个测点。

③ 用激光束逐点照射这些测点，在屏幕 x_1Oy_1 平面上分别可得 n 个相应的杨氏条纹图；量下杨氏条纹的间距δ，分别记于表 4-4 中，计算次梁各点的挠度。

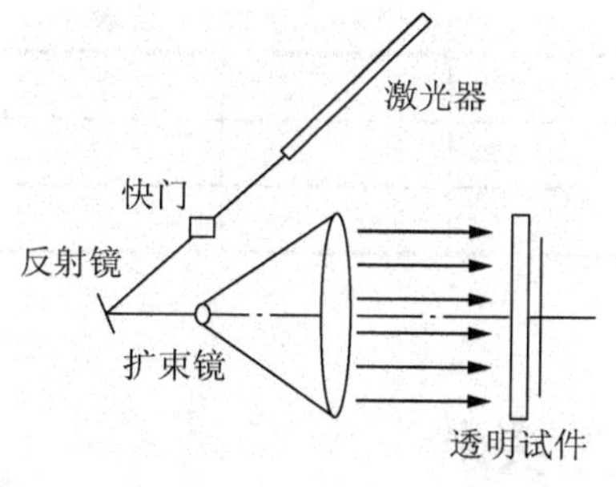

图 4-13　激光直接散斑记录光路

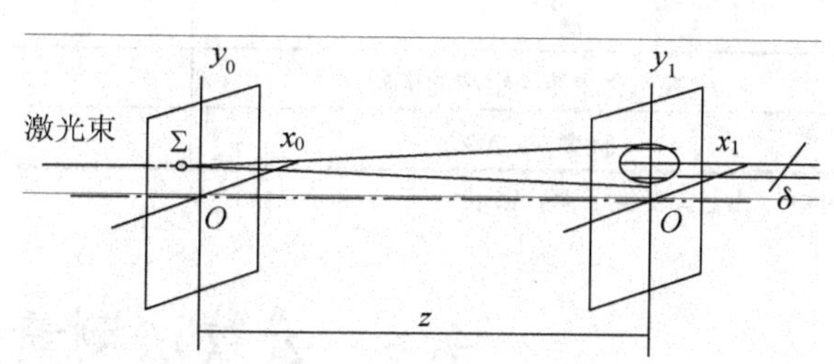

图 4-14　散斑逐点分析系统

表 4-4　测量数据

测　　点	1	2	…	n
距固定端距离				
杨氏条纹间距				
挠度 $W=\lambda z/\delta$				

注：λ为激光波的波长。

（5）全场分析。

① 将散斑图放置在如图 4-15 所示富氏变换光路系统中的 xOy 平面内进行全场分析。

② 在变换平面 x_1Oy_1 上，放置一不透明的黑纸，黑纸上沿 y_1 轴在距原点 y 处开一小孔，经过照相机座机的镜头，在成像平面上可得全场干涉条纹，用描图纸描下全场干涉条纹。

③ 确定干涉条纹级数，按表 4-5 计算。

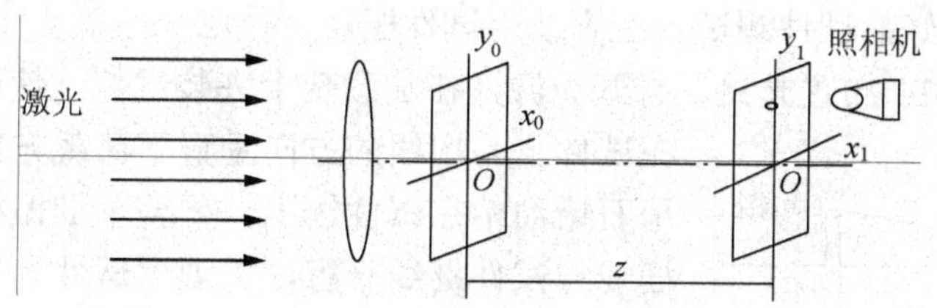

图 4-15　散斑全场分析系统

表 4-5　测量数据

测　　点	1	2	…	n
条纹级数 N				
在图像上距固定端的距离				

续表

测　点	1	2	…	n
在试件上距固定端的距离				
挠度 $w=Nf\lambda/y$				

注：f 为富氏变换透镜的焦距。

4.8　云纹法测量应变实验

4.8.1　实验目的

（1）了解用云纹法测量面内应变的原理。

（2）掌握用云纹法测量面内应变方法。

（3）学会对云纹图像进行分析。

4.8.2　实验设备

（1）光源箱。

（2）装置。

（3）照相机镜头。

（4）贴有机玻璃开口圆环一个。

（5）基准栅板。

（6）屏幕与描绘图纸。

4.8.3　实验方法

（1）在准备好的试件测试表面安装上试件栅。

（2）按图 4-16 布置光路，打开光源，在加载架上夹装试件，使试件栅（事先粘在试件上）栅线的方向垂直于荷载方向。将基准栅板用石蜡油粘在试件栅上，调整基准栅板的位置，使其栅线与试件栅线平行，并观察试件，应无云纹条纹出现，此时用夹子夹紧。

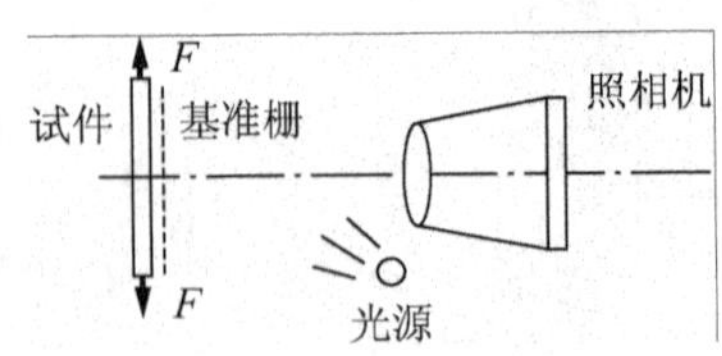

图 4-16　面内云纹法实验装置

（3）调整照相机镜头位置，使屏幕上成像最清晰。

（4）对试件进行加载，在屏幕上观察云纹条纹的变化，加载的大小应使出现的云纹条纹不过稀或过密。

（5）对屏幕上的云纹条纹图进行描绘，即得 v 位移场的云纹条纹图。

（6）卸去荷载，将试件转 90°，重复步骤（2）～（5），再加荷载即可得试件 u

位移场的条纹云纹图。

（7）根据云纹图求应变，确定圆环过圆心水平面上各点的应变。

① 确定 u、v 位移场的云纹条纹级数。

② 对 u、v 位移场的云纹图作过被测断面各点（$x=r/2$，$y=r/2$）并与 x 轴平行的直线 AB 和 y 轴平行的直线 CD，分别作出 $v=\Phi(x)$、$v=\Phi(y)$和 $v=f(y)$、$v=f(x)$位移曲线。

③ 在各位移曲线上求出 E 点（$x=r/2$，$y=r/2$）相应的斜率，即为各点的（$x=r/2$，$y=r/2$）相应的斜率 $\frac{\partial u}{\partial x}$、$\frac{\partial u}{\partial y}$、$\frac{\partial v}{\partial x}$、$\frac{\partial v}{\partial y}$ 值。

④ 各点的应力分量为 $\varepsilon_x=\frac{\partial u}{\partial x}$，$\varepsilon_y=\frac{\partial u}{\partial y}$。

4.9　影像云纹法测量变形实验

4.9.1　实验目的

（1）掌握影像云纹法测量物体离面位移的原理及方法。

（2）熟悉影像云纹法实验的光路布置及设备的调试和使用。

（3）测量变形构件的离面位移。

4.9.2　实验设备

（1）光源一个。

（2）等栅距基准光栅一片。

（3）照相机一部。

（4）被测构件一个。

（5）加载架一套。

4.9.3　实验方法

（1）准备工作：①设计加工被测构件，在构件的被测表面喷上白色油漆，提高其反射效果；②将选择好的平行光栅，按其工艺要求贴在一块光学玻璃板上，作为基准光栅；③设计加载架；④将被测构件固定在加载架上，同时将其基准光栅安装到被测面前方，并且基准光栅平面与变形方向垂直。

（2）如图 4-17 所示布置光路，使照相机、被测构件和光源处在同一水平面，为了达到平行光入射和平行光反射的效果，将照相机和光源置于距基准光栅 1.5m 以外处。为计算方便，调试光源和照相机在距基准光栅等距离的同一平面内，并使照相机的光轴与被测面法线同轴。使用卷尺测出光源到照相机和照相机到光源的距离。

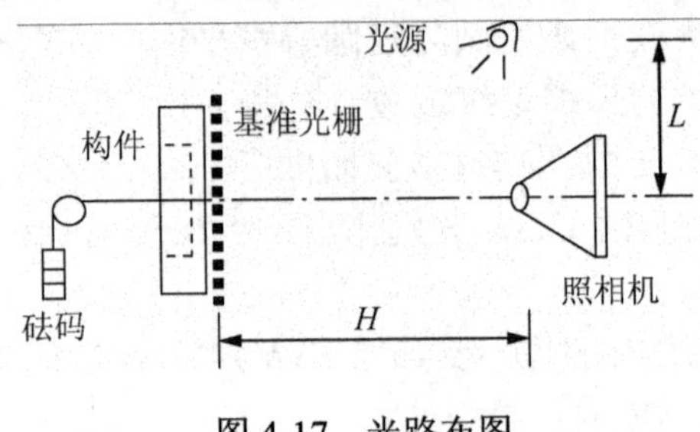

图 4-17　光路布图

（3）打开光源，从照相机处观察，在被测构件不加荷载（即不变形）的情况下，有无云纹图出现，如有，说明基准光栅法线与被测构件法线不平行（因为该构件被测面为平面，变形方面与其法线一致），需要调整直到云纹图消失。

（4）检查。整个调试完成后，开始变形测试：①给被测构件加荷载（即在加载架处加砝码），同时观察云纹图，当云纹出现 4 级以上即可。②记录云纹图，用照相机直接拍照或在照相机显示屏上贴硫酸纸将其描绘下来均可。③确定云纹级数，即首先选固定点（无变形处）为 0 级云纹，一次数出其他级数。

（5）数据处理。由于在本实验光路布置中，照相机处在被测构件变形平面的法线上，光源及照相机距被测构件比较远，构件的面积也相对比较小，故本实验可认为是平行光入射和平行光反射，即

$$w=\frac{np}{\tan\gamma}$$

式中，w 为构件的离面位移；n 为云纹级数；p 为基准光栅的节距；γ 为入射光与反射光的夹角。

由光路可得

$$w=\frac{npH}{L}$$

第5章 选做实验

5.1 冲击实验

机械工程结构中的构件由于结构设计的需要，往往有各种形式的缺口，如油孔、键槽、螺纹等，这些有缺口的构件，虽然都是由在静荷载时表现出一定塑性的材料制成的，但当受到冲击荷载作用时，会呈现出脆性破坏的趋势。这是因为塑性变形需要一定的时间，加载速度快使塑性变形不能充分进行。又由于缺口根部附近为三向拉伸应力状态，材料就呈现出脆性断裂的倾向。因此在设计承受冲击性质荷载作用的带缺口构件时，为了防止脆性断裂及保证零件的安全性，必须要有一种能表征这种条件下材料塑性变形能力的度量。缺口试件的冲击弯曲实验就是为检验材料在这种力学条件下与断裂破坏有关的力学性质提供一个度量的参数——冲击韧性，以 α_k 表示。因此，冲击韧性就作为评价材料在实验条件下韧脆程度的指标，或者说，冲击韧性 α_k 是材料承受冲击荷载的抗力指标。冲击韧性对材料的品质、内部缺陷和晶粒大小等因素甚为敏感，且由于冲击实验简便易行，所以常用于检验锻造、热处理等热加工工艺质量，如检验淬火及锻造裂纹、纤维组织各向异性等。此外，由于常用结构钢往往随着环境温度的下降而呈现脆性的倾向，且在一定的温度区间，材料的韧性差别很大，故缺口冲击实验也可用于确定结构钢韧脆转变温度，以供低温结构设计时选用材料和抗脆断设计做参考。冲击实验原理如图 5-1 所示。

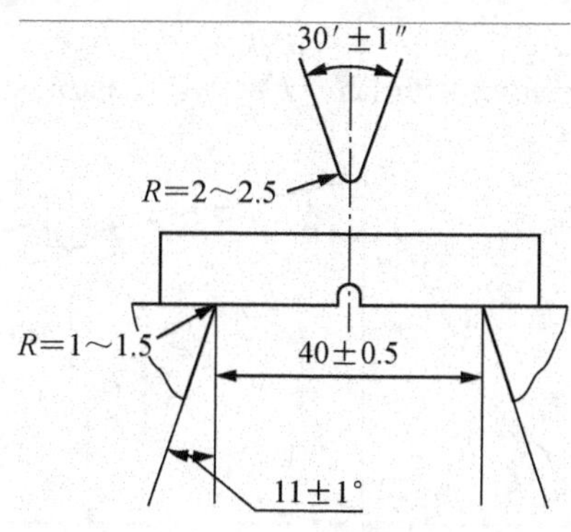

图 5-1 冲击实验支座及试件

5.1.1 实验目的

（1）测定低碳钢和铸铁的冲击韧性，并观察其破坏情况。

（2）了解金属材料冲击实验的意义及常温冲击韧性测定的实验方法。

5.1.2 实验设备

（1）摆锤式冲击试验机。

（2）游标卡尺。

5.1.3 实验原理

材料冲击韧性的测定采用缺口试件的冲击弯曲实验方法。冲击弯曲实验是把金属材料制成一定形状及尺寸的标准试件，如图 5-1 所示，并安置在摆锤冲击试验机的机座上，利用摆锤自由落下的冲击能量而折断试件，摆锤冲断试件所失去的能量称为冲击功 A_k。当忽略冲击实验机所吸收的弹性变形能量及将试件抛出所耗的能量，则可近似地认为冲击功等于试件折断所需吸收的能量。冲击功 A_k 的单位是焦耳（J）或 N · m。将试件吸收的能量除以试样缺口底部处横截面面积 A 所得的商定义为冲击韧性 α_k，单位是 J/cm^2)，所以

$$\alpha_k=\frac{A_k}{A} \tag{5-1}$$

5.1.4 实验装置

冲击实验机的构造原理如图 5-2 所示。摆锤具有质量 m，摆锤臂长 l，悬挂在轴 O 上，摆锤扬起角为 α，使摆锤具有位能 mgH。实验时，操纵手柄使摆锤突然自由落下，冲击安装在机座上的试件，摆锤刀刃冲击试件缺口截面的背面，当试件冲断后摆锤继续向前，扬起角为 β，故剩余的能量为 mgh。摆锤所减少的位能可根据下式计算：

$$A_k=mgH-mgh=mg(H-h)=mgl(\cos\beta-\cos\alpha) \tag{5-2}$$

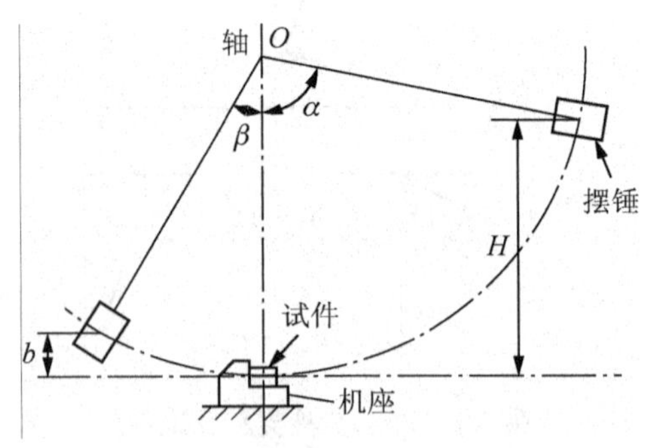

图 5-2 冲击实验原理图

实验时在试验机的刻度盘上可以直接读出冲击功 A_k。由于冲击功 A_k 的大小和试

件的材料、试件的尺寸、机座形式、试件的缺口形状、变形速度、实验温度等因素有关，故当采用标准试件及规定一定的冲击速度（4.0～5.0m/s）、支座形式及摆锤形状尺寸时，则实验结果就只反映材料和温度这两个因素了。我国通常采用U形缺口的梅氏试件，其冲击韧性值记为α_{KU}。国家标准GB/T 229—2007对对梅氏试件的尺寸及支座、摆锤刃口的形状尺寸都做了规定，如图5-1所示。缺口试件受到冲击荷载作用，试件在缺口断面的断裂经历了裂纹在缺口根部形成、裂纹的扩展和最终断裂的过程，故在冲击过程中冲断试件所需的冲击功A_k就包括了冲断试件所耗的弹性变形功、塑性变形功及裂纹形成后直到试件完全断裂的裂纹扩展功这3部分。对于不同材料，冲击功可以相近，但它所吸收的3部分功所占的比例则可能差别很大。若弹性变形功所占比例较大，塑性变形功很小，而裂纹扩展功近于零，则材料断裂前塑性变形小，裂纹一旦出现即断裂，断口呈结晶状脆性断口；若塑性变形功所占比例较大，裂纹扩展功也大，则表现为韧性断裂，断口呈现纤维状为主的韧性断口。因此，冲击韧性并不能确切反映缺口试件在冲击荷载下材料韧或脆的性质。但脆性、低塑性材料断裂时所需的能量少，而高塑性材料断裂时所需的能量多，则可由冲击韧性值定性地得到反映，故冲击韧性α_K仅仅是一个经验性的定性的评价材料性能的指标，尚不能根据零件设计的要求来定量地提出对缺口冲击韧性值的要求，只能根据经验，尤其是事故教训提出某些零件对材料缺口冲击韧性值的要求。例如，用于飞机起落架的高强度钢，要求在室温时α_{KU}不低于58.8N·m/cm^2，对于船用钢板其冲击功A_{KV}值在10℃时必须高于20.3J。

5.1.5 实验步骤

（1）用游标卡尺测量缺口处的断面尺寸。

（2）安装试件前，先校正读数盘指针位置至零点。

（3）安装试件时，应将缺口背面对准摆锤刃口，使缺口正好位于中间位置，再抬起摆锤。

（4）进行实验，按动控制手柄的冲击按键，摆锤下落，打击试件，试件折断后应缓慢地制动摆锤，记录冲断试件所消耗的能量A_K。

（5）取出破坏试件，注意观察断口特征。

5.1.6 实验结果的处理

实验报告格式可参考前面的实验报告格式自拟。用公式$\alpha_k=\dfrac{A_k}{A}$计算出低碳钢和铸铁的冲击韧性。

问题讨论：

（1）冲击实验为什么要采用标准试件？

（2）为什么说冲击韧性值可作为材料的抗脆断能力指标？

5.1.7 注意事项

（1）安装试件时，可使摆锤稍许偏离最低位置，不允许在摆锤扬起的情况下安装试件。当摆锤抬起后绝对不允许身体进入摆锤的打击范围内，以免发生人身安全事故。

（2）制动摆锤时不宜过猛，以免损坏机器。

5.2 偏心拉伸实验（一）

5.2.1 实验目的

（1）测定偏心受拉构件某一横截面上的应变（应力）分布曲线。

（2）将理论计算结果与实验测试结果进行比较。

5.2.2 实验设备

（1）微机屏显液压万能实验机及偏心受拉构件。

（2）静态应变仪、电阻应变片、卡尺等。

5.2.3 实验原理

作用在直杆构件上的外拉力，当其作用线与杆件的轴线平行但不重合时，将引起偏心拉伸，如图 5-3 所示。在材料力学上解决这一问题是应用等效力的概念，即将其等效成作用在轴线上的一个力和一个力矩，用解决组合变形的方法，应用叠加原理进行理论分析，即得

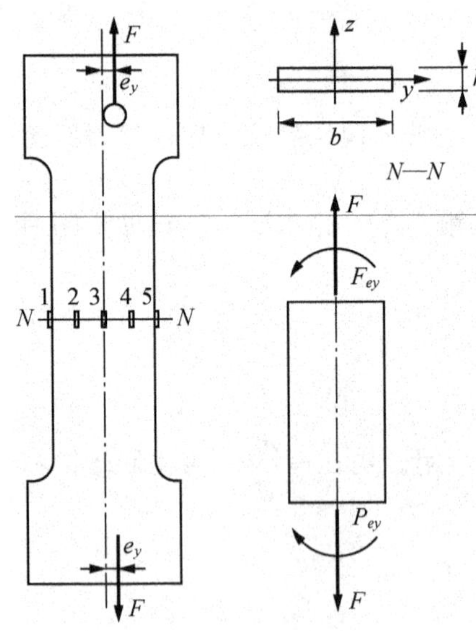

图 5-3　偏心受拉构件

$$\sigma=\frac{F}{\mathrm{A}}+\frac{F\cdot e_y\cdot y}{I_z}, \qquad (5\text{-}3)$$

式中，F 为作用在构件上的外力；A 为构件的横截面面积；e_y 为外力在构件上作用点到形心在 y 轴上的偏心距；I_z 为构件横截面对 z 轴的形心主惯性矩；y 为所分析点到形心在 z 轴的距离，计算时注意 y 值的坐标正负号。本实验是用电阻应变测量技术将构件被测试截面在外力作用下的应变测试出来，然后再应用胡克定律获得应力，即

$$\sigma=E\varepsilon \qquad (5\text{-}4)$$

式中，E 为构件材料的拉伸弹性模量；ε为测试

出的应变。

5.2.4 实验方法与装置

本实验采用低碳钢制成的矩形截面偏心受拉构件（图 5-3），在构件中部任意 *N*—*N* 截面，沿构件宽度方向的表面上均匀布置 5 个测试点，既 1、2、3、4、5 点，其中 3 点位于构件轴线上。在这 5 个测试点上平行于轴线方向各粘贴一个单向电阻应变片。

将粘贴好电阻应变片的构件置于微机屏显液压万能试验机上，施加偏心受拉荷载 F。从静态应变仪上可测出各点应变的大小。微机屏显液压万能试验机的操作使用方法见该机的使用说明。

5.2.5 实验步骤

（1）用数显（或游标）卡尺测量实验构件横截面几何尺寸，如宽度 b、厚度 h，用直尺测量各应变片到中性轴的距离和构件的偏心距。

（2）参考梁弯曲实验的 CM-1A-12 型静态电阻应变仪的使用操作方法。

（3）将实验构件装在微机屏显液压万能试验机上，并根据材料的比例极限 σ_p 确定最大许用荷载，拟定加载方案。

（4）接好各仪器的连接线和电源线，并将各测点处应变片接在电桥上（单臂）。

（5）检查实验构件处于无荷载状态，调节加载机构使得荷载为零，待用。

（6）打开 CM-1A-12 型静态电阻应变仪后面板上的电源开关。

（7）确认微机屏显液压万能试验机荷载为零后，按静态电阻应变仪的前面板上的总清零键，各测点自动清零。若按清零键，当前测点清零。

（8）按测量键（双功能键，可以转换状态，检查各点 K 值或显示各点应变值），数字表显示 2.000 或大于 2.000，为 K 值显示状态，按 P/K 减键或 P/K 增键，调整某点的 K 值为应变片的实际 K 值。按测量键，数字表则为应变值显示状态，此时，按 P/K 减键或 P/K 增键，选择测点。

（9）根据拟定的加载方案，分级施加荷载，分级测取各点应变读数并记录于表 5-1 中。检查读数无误后，卸掉荷载，关机。

5.2.6 实验结果的处理

（1）计算各测点的平均应变（或应力）值。

（2）计算各测点理论应变（或应力）值，并和实验应力值加以比较，绘出截面应力分布曲线。

表 5-1 应变仪读数

荷载/N		应变仪读数/$\mu\varepsilon$									
		测点 1		测点 2		测点 3		测点 4		测点 5	
P	ΔP	ε	$\Delta\varepsilon$	ε	$\Delta\varepsilon$	ε	$\Delta\varepsilon$	ε	$\Delta\varepsilon$	ε	$\Delta\varepsilon$
均值		$\Delta\varepsilon_1=$		$\Delta\varepsilon_2=$		$\Delta\varepsilon_3=$		$\Delta\varepsilon_4=$		$\Delta\varepsilon_5=$	

5.3 偏心拉伸实验（二）

5.3.1 实验目的

（1）测定偏心拉伸时最大正应力，验证叠加原理的正确性。

（2）分别测定偏心拉伸时由拉力和弯矩所产生的应力。

（3）测定偏心距。

（4）测定弹性模量 E。

5.3.2 实验设备

（1）材料力学多功能实验台拉伸部件。

（2）力和应变综合参数测试仪。

（3）游标卡尺、钢直尺。

5.3.3 实验原理

偏心拉伸试件在外荷载作用下，其轴力 $N=F$，弯矩 $M=F\cdot e$，式中 e 为偏心距。根据叠加原理，得横截面上的应力为单向应力状态，其理论计算公式为拉伸应力和弯矩正应力的代数和，即

$$\sigma=\frac{F}{A_0}\pm\frac{6M}{bh^2} \tag{5-5}$$

偏心拉伸试件及应变片的布置方法如图 5-4 所示，R_1 和 R_2 分别为试件两侧的两个对称点，则

$$\varepsilon_1=\varepsilon_F+\varepsilon_M$$

$$\varepsilon_2=\varepsilon_F-\varepsilon_M$$

式中，ε_F 为轴力引起的拉伸应变；ε_M 为弯矩引起的应变。

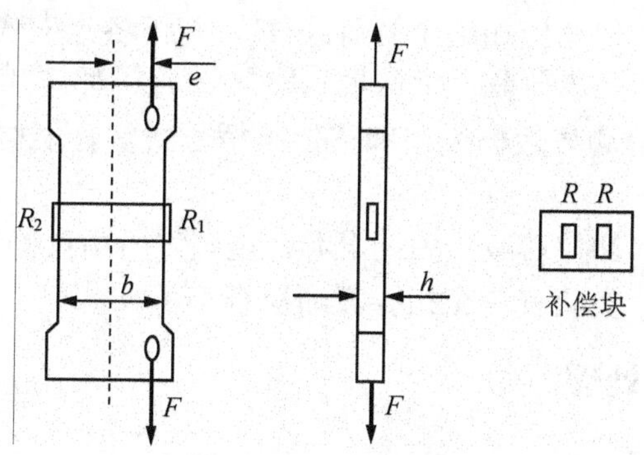

图 5-4 偏心拉伸试件及布片

根据桥路原理，采用不同的组桥方式，即可分别测出与轴向力及弯矩有关的应变值。从而进一步求得弹性模量 E、偏心距 e、最大正应力和分别由轴力、弯矩产生的应力。

可直接采用半桥单臂方式测出 R_1 和 R_2 受力产生的应变值 ε_1 和 ε_2，通过上述两式算出轴力引起的拉伸应变 ε_F 和弯矩引起的应变 ε_M；也可采用邻臂桥路接法直接测出弯矩引起的应变 ε_M（采用此接桥方式不需加温度补偿片）；采用对臂桥路接法可直接测出轴向力引起的应变 ε_F（采用此接桥方式需加温度补偿片）。

5.3.4 实验步骤

（1）设计好本实验所需的各类数据表格。

（2）测量试件尺寸：在试件标距范围内，测量试件 3 个横截面尺寸，取 3 处横截面面积的平均值作为试件的横截面积 A_0，见表 5-2。

表 5-2 实测试件尺寸相关数据

试件	厚度 h/mm	宽度 b/mm	横截面面积 $A_0=bh$/mm^2	平均横截面面积/mm^2
截面 1				
截面 2				
截面 3				

已知：弹性模量 E=210GPa；泊松比 μ=0.28

（3）拟定加载方案：试件材料为低碳钢，σ_p=200MPa，按以上参数计算出最大弹性荷载 $F_{pmax}=\sigma_p bh$，选取适当的初荷载 F_0（一般取 F_0=10%F_{max} 左右），分 4～6 级加载。

（4）根据加载方案，调整好实验加载装置。

（5）按实验要求接好线，调整好仪器，检查整个系统是否处于正常工作状态。

（6）加载测试：均匀缓慢加载至初荷载 F_0，记下各点应变的初始读数；然后分级等增量加载，每增加一级荷载，依次记录应变值 ε_F 和 ε_M，直到最终荷载。实验至少重复两次。半桥单臂测量数据表格和其他组桥方式实验表格可根据实际情况自行设计。

（7）做完实验后，卸掉荷载，关闭电源，整理好所用仪器设备，清理实验现场，将所用仪器设备复原，实验资料交指导教师检查签字。

5.3.5 实验结果的处理

（1）求弹性模量 E

$$\varepsilon_F=(\varepsilon_1+\varepsilon_2)/2$$

$$E=\frac{\Delta F}{A_0\varepsilon_F} \tag{5-6}$$

（2）求偏心距 e

$$\varepsilon_M=(\varepsilon_1-\varepsilon_2)/2$$

$$e=\frac{Ehb^2}{6\Delta F}\varepsilon_M \tag{5-7}$$

（3）应力计算。

理论值：

$$\begin{matrix}\sigma_{max}\\ \sigma_{min}\end{matrix}=\frac{\Delta F}{A_0}\pm\frac{6\Delta Fe}{hb^2} \tag{5-8}$$

实验值：

$$\begin{matrix}\sigma_{max}\\ \sigma_{max}\end{matrix}=E(\varepsilon_F\pm\varepsilon_M) \tag{5-9}$$

5.4 材料的横向变形系数测定

5.4.1 实验目的

（1）在比例极限内测定低碳钢的横向变形系数（泊松比）μ。

（2）进一步掌握电测法的基本原理和仪器的使用方法。

5.4.2 实验设备

（1）微机屏显液压万能试验机或加力装置。

（2）静态电阻应变仪。

（3）矩形截面试件、游标卡尺等。

5.4.3 实验原理

试件如图 5-5 所示在单向拉伸时，材料在比例极限范围内，其横向应变ε'与轴向应变ε之比的绝对值是一个常数，即$|\varepsilon'/\varepsilon|=\mu$，式中$\mu$称为横向变形系数或泊松比，是一个量纲为 1 的量。因为当试件轴向伸长时，横向尺寸缩小，而轴向缩短时横向尺寸增大，所以横向应变ε'和轴向应变ε的符号是相反的。这样，ε'和ε的关系可以写成：$\varepsilon'=-\mu\cdot\varepsilon$。泊松比$\mu$和弹性模量$E$一样，也是材料固有的弹性常数，可以通过实验测试确定。通常测泊松比μ的方法是采用电阻应变法进行测量，即在被测试件的轴向和横向上分别粘上电阻应变片，接上电阻应变仪，在试验机上对试件加轴向拉力，直接从电阻应变仪读出横向应变ε'和轴向应变ε的值，计算出泊松比μ的值。

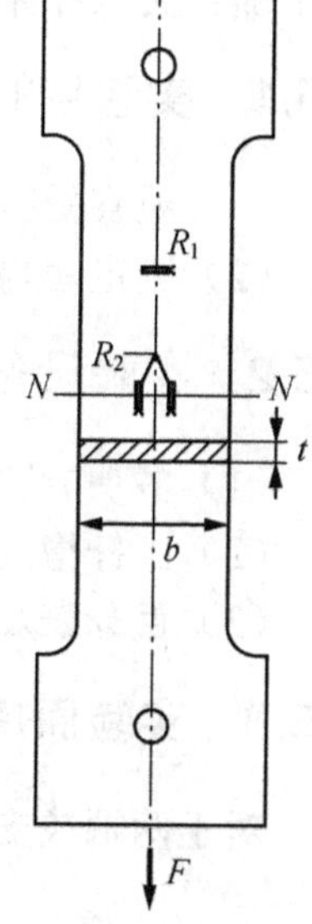

图 5-5 轴向拉伸试件

5.4.4 实验步骤

（1）用游标卡尺测量试件尺寸，测量贴在试件的轴向和横向表面上应变片的位置。

（2）根据材料试验机的使用要求调试好试验机。

（3）检查各测点的应变片，并按电阻应变仪操作方法，接好线和调试好电阻应变仪。

（4）依据材料的比例极限（$\sigma_p=200\text{MPa}$）确定加载方案（一般做 5 级荷载），最大荷载不能大于比例极限σ_p的 85%。

（5）将试件安装在电子万能试验机上。

（6）进行实验：按等增量法分级加力，加一级荷载，通过转换开关依次分别接通各测点，读取横向应变ε'和轴向应变ε的值，然后再每加一级荷载ΔF，记录各点应变读数，直到 5 级测完，检查测试数据，有误重做。注意不能大于最大弹性荷载。每级变形增量为$\Delta(\varepsilon)$，若变形增量基本相等，实验结束，否则将荷载卸到F_0重新实验。

（7）实验结束时，打开回油阀，使机器恢复到原位。

5.4.5 实验结果的处理

根据所测数据，用公式$\mu=\left|\frac{\varepsilon'}{\varepsilon}\right|$计算出泊松比$\mu$的值。

5.5 压杆稳定临界力测定

两个材料和横截面形状、尺寸相同的直杆，如果杆的长度不同，其抵抗轴向压力的能力将有很大的差异。这是由于随着杆长度的增加，杆的承压能力由原来取决于杆的强度而变为取决于杆的长度及稳定性。这就是短粗杆的承压能力远大于细长杆承压能力的原因。由于压杆失稳破坏现象往往突然发生，故其危害性较大。因此对于细长受压杆件的稳定性问题必须引起重视。

5.5.1 实验目的

（1）观察受压杆件丧失稳定的现象。

（2）测定两端铰支压杆的临界荷载F_{cr}，并与理论计算结果进行比较。

5.5.2 实验设备

（1）多功能实验台。

（2）压杆稳定实验装置。

（3）百分表及磁性表座或应变片、应变仪。

5.5.3 实验原理

对于两端铰支受有轴向压力的细长杆，由欧拉公式得其临界荷载为

$$F_{cr}=\frac{\pi^2 EI}{l^2} \tag{5-10}$$

式中，I为杆件截面的最小轴惯性距；E为杆件材料的弹性模量。

欧拉公式是在线弹性、小变形及假定杆无初曲率、荷载作用无偏心的理想条件下导出的。故当压力$F<F_{cr}$时，压杆始终能保持其原来的直线平衡状态；当$F=F_{cr}$时，压杆就处于临界状态，若给予一微小的横向干扰力作用，杆就会偏离原来的直线平衡状态，而在微弯状态保持平衡；当$F>F_{cr}$时，压杆的弯曲变形将显著增大直到破坏。但在实际的实验过程中，由于杆的初曲率及荷载作用有偏心，这些因素使得即使在$F<F_{cr}$时也会引起杆件的弯曲变形，且随着压力的增大而增大。只有当F远小于F_{cr}时，弯曲变形的挠度δ增长较慢；当F接近F_{cr}时，则挠度δ急剧增大，如

图 5-6 所示。在实验过程中，随着测出的荷载 F 与 δ 值增多，根据 $F-\delta$ 曲线的渐近线 AB，即可确定临界荷载 F_{cr}。

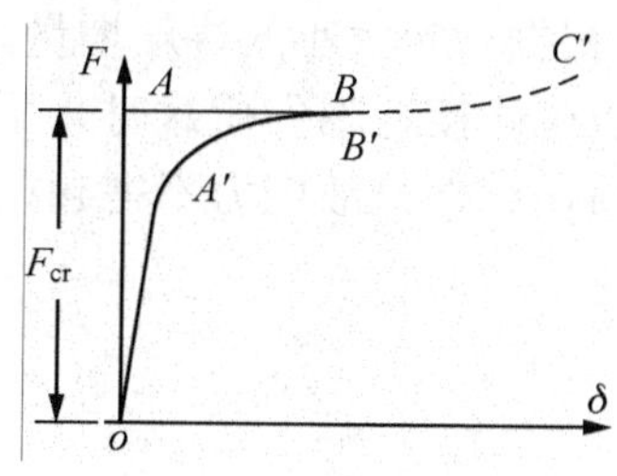

图 5-6 $F-\delta(\varepsilon)$ 曲线

5.5.4 实验装置

本实验采用矩形截面的细长杆试件，试件两端制成刀刃，将试件垂直安放在 V 形槽中，如图 5-7 所示，其约束相当于两端铰支。实验前，由于不知道加载后试件弯曲的方向，所以在试件中间处，沿厚度两侧面各装一个百分表或各贴一个电阻应变片；加载后，试件挠度朝向哪一面，就可从该面的百分表上读取挠度值 δ 或从应变仪上读出应变值。

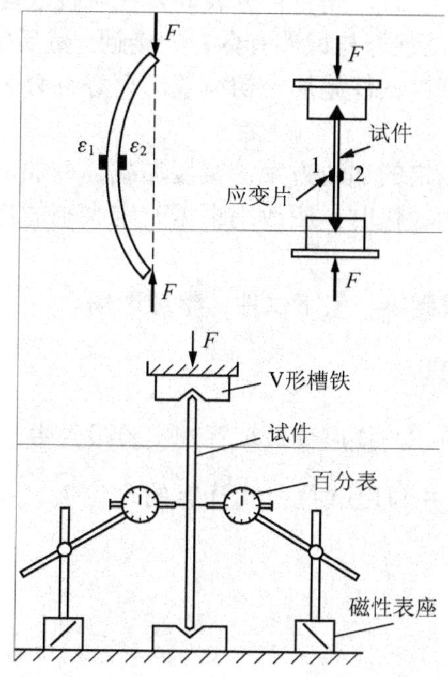

图 5-7 压杆稳定实验电测和百分表装置简图

实验时，为了较好地绘制 $F\text{-}\delta$曲线，在预估临界荷载值的 80%以内，可分为 5 级等量加载，以后继续加载时，应减小荷载增量，并读取相应的挠度值。要特别注意，当挠度值增加迅速时，应根据一定大小的挠度增量来读取荷载，以保证绘制 $F\text{-}\delta$ 曲线时数据点的均匀分布。当荷载接近临界荷载时，压杆的弯曲变形较大，因而引起较大的弯曲应力，为了不损伤试件，故应力不得超过比例极限。因此，当挠度达到一定数值时，应停止加载。

5.5.5　实验步骤

（1）试件准备：测量试件长度 l、宽度 b 和厚度 t。

（2）确定加载方案：为保证实验失稳后应力不超过屈服极限，实验前应根据欧拉公式估算实验时的最大许可荷载 F_{max}，并根据 $\dfrac{F_{cr}}{A_0}+\dfrac{F_{cr}\delta_{max}}{W}\leqslant[\delta]$ 计算试件允许的最大挠度 δ_{max}。

（3）调整多功能实验台：放置好安装试件的 V 形槽支座。

（4）安装试件：将试件垂直放入 V 形槽中，并细心调整，尽可能使压力通过试件的轴线。

（5）安装百分表：安装时，先将百分表固紧在磁性表座的杆件上，再把百分表顶杆压入 1～2mm，以保证顶杆与试件有良好的接触，然后锁紧磁性表座。为防止百分表顶杆使试件移动，可对试件施加一初荷载。调好百分表的零点或调好应变测试系统。

（6）进行实验：按拟定的加载方案，缓慢加载，每加一级荷载，读取百分表读数或应变值，当挠度增大较快时，应改用根据一定大小的挠度增量读取荷载，直到达到规定的挠度值为止。

（7）实验结束：卸载到零，取下试件，整理现场。

5.5.6　实验结果的处理

根据实验记录，将荷载与挠度读数填写到实验报告中，用坐标纸绘出 $F\text{-}\delta$曲线，由此确定临界荷载 F_{cr}，并与用欧拉公式计算的理论值 $F_{cr}=\dfrac{\pi^2EI}{l^2}$ 进行比较，做简要讨论。

5.5.7　注意事项

（1）加载时应保持平稳缓慢。

（2）试件的弯曲变形不宜过大，以免超出比例极限而损坏试件。

5.6 疲劳实验

在工程机械中有很多构件是在交变应力下工作的，如火车轮轴在运转过程中有弯矩引起的拉、压应力交替变化，活塞连接杆在工作时是拉、压应力交替变化。在交变应力作用下构件的破坏称为疲劳破坏，构件材料在运行过程中破坏前所经历的循环次数称为疲劳寿命。材料的疲劳寿命与它所承受的应力水平有关，应力水平高，则疲劳寿命短。材料的疲劳寿命交变应力远小于材料的静载抗拉强度极限σ_b，一般情况下低于材料的屈服极限σ_s。疲劳破坏断口通常没有显著的宏观塑性变形，破坏断口呈现两个明显不同的区域，一部分是平滑的裂纹扩展区，另一部分是晶粒状的瞬时断裂区。疲劳破坏是裂纹不断扩展的结果，所以断裂阶段就发生在机器运行的过程中，因而会造成严重的事故。材料的应力-寿命（σ_{max}-N）曲线是表征材料疲劳性能的重要参数，对构件的寿命设计非常重要。疲劳极限是材料的一项重要力学性能。

实验表明，材料的疲劳极限不仅与材料本身的性质有关，而且与交变应力的循环特征、变形类型等因素有关。这里仅介绍测定一般低碳钢在纯弯曲对称循环应力下疲劳极限的实验方法。

5.6.1 实验目的

（1）了解测定材料疲劳性能的方法及疲劳试验机的构造。

（2）观察试件疲劳破坏的断口特征。

5.6.2 实验设备

纯弯曲疲劳试验机。

5.6.3 实验原理

纯弯曲疲劳试件形状和拉伸试件相同，现取纯弯曲疲劳试件工作段某一横截面半径上一点A，其工作原理如图5-8所示，当受纯弯曲圆截面试件绕轴线旋转时，A点的最大拉应力$\sigma_{max}^{拉}=\dfrac{M}{W}$（$\sigma_{t,max}=\dfrac{M}{W}$），当$A$点转到最高位置时，受到最大压应力$\sigma_{max}^{压}=\dfrac{M}{W}$（$\sigma_{c,max}=\dfrac{M}{W}$），而在中间位置时，应力为零。因此，$A$点承受着对称循环交变应力的作用。对于一般低碳钢试件，如能在某一交变应力下经受10^7次循环仍不破坏，则实际上可以承受无限次循环而不会发生破坏，故对于一般低碳钢试件以对应 10^7 次循环的最大应力值作为疲劳极限。但对于合金钢和有色金属却不存在这样的性质，故常常以对应 10^8 次循环的最大应力值作为条件疲劳极限。这里所说的 10^7 或 10^8 次循环，称为循环基数。

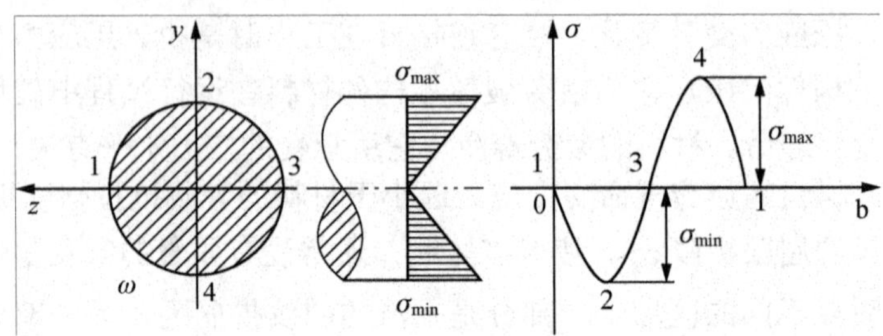

图 5-8　工作原理（应力与时间变化曲线）

5.6.4　实验装置

本实验采用纯弯曲疲劳实验机，它的结构简图如图 5-9 所示。试件被夹持在旋转着的弹簧夹头左鼓轮和右鼓轮之间，作用在试件上的力由悬挂在 U 形吊环（连接板）下面的砝码传递。试件的旋转数由计数器记录。当试件折断时，右鼓轮下倾，自动按下停机按钮，电动机便停止运转，试件承受的最大弯曲正应力为

$$\sigma_{\max}=\frac{M}{W}=\frac{32Fa}{\pi d^3}$$

式中，d 为试件直径；F 为试件所承受的荷载；a 为支点到受力点的距离。

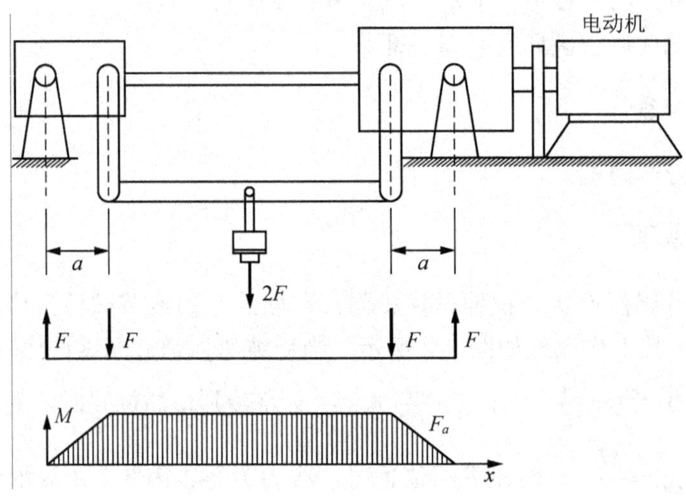

图 5-9　纯弯曲疲劳试验机

5.6.5 实验步骤

（1）试件准备：需用由同一炉冶炼的材料加工的试件 8～10 根，试件的直径为 8～10mm，表面需经磨削加工，试件表面不允许有任何加工刀痕。具体的试件外形及尺寸依实验机的具体构造而定，试件安装前测量试件直径。

（2）试件安装：将试件装入试验机，牢固夹紧，使试件与套筒轴保持良好的同心度。安装后可用手慢慢旋转套筒轴，用带磁性表架的百分表安装在试验机上测试件上下跳动量应不大于±0.02mm；然后空载运转，试件跳动量不大于 0.06mm。

（3）进行实验：试件的工作应力一般可这样来选取，对于钢材，第一根试件所施加的应力为 $0.6\sigma_b$。加载前，先开动实验机，然后将砝码加到规定值，转动加力扳手缓慢加力并在此时记录下计数器的初读数。

当试件经过一定次数的循环后，即断裂，再记下计数器的末读数，两者相减即为该试件的疲劳寿命。然后对第二根试件以同样的过程进行实验，但荷载要比前一根试件略低，一般比前一根试件的应力值低 20～40MPa。以此方法继续进行，直到有一根不断裂为止，但最后两根（断裂与未断裂的）应力差值不得大于 10MPa。在实验中，各试件所受最大应力 σ_{max} 不同，故它的疲劳寿命也就不同，由此可得到一系列的 σ_{max} 和 N_i 的数据。

5.6.6 实验结果的处理

如果以 σ_{max} 为纵坐标，以 lg$N$（以 N_i 的对数 N）为横坐标，就可得到一条 σ_{max}–N 曲线。对于低碳钢，此曲线最后趋于水平，其水平渐近线的纵坐标 σ_{-1}，就是材料的疲劳极限，一般低碳钢的 σ_{max}–N 曲线如图 5-10 所示。

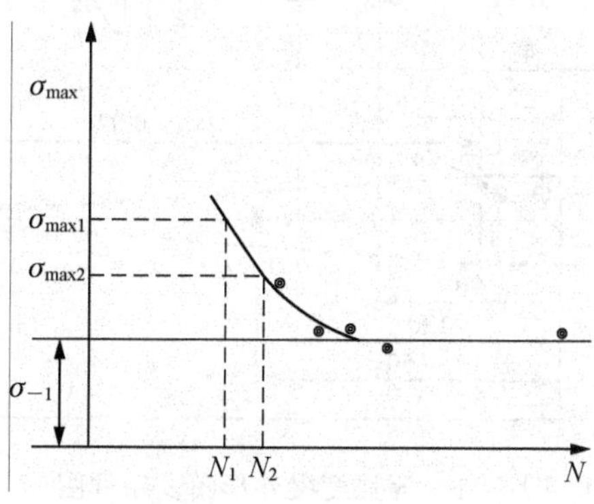

图 5-10 低碳钢的 σ_{max}–N 曲线

5.7 等强度梁实验

5.7.1 实验目的

测定等强度梁上下表面的应力，验证梁的弯曲理论。

5.7.2 实验设备

（1）材料力学多功能实验台中等强度梁实验装置与部件。

（2）力和应变综合参数测试仪。

（3）游标卡尺、钢板尺。

5.7.3 实验原理

将试件固定在实验台架上，梁在纯弯曲时，同一截面上表面产生拉应变，下表面产生压应变，上、下表面产生的拉、压应变绝对值相等。计算公式：

$$\varepsilon=\frac{6FL}{Ebh^2} \tag{5-11}$$

式中，F 为梁上所加的荷载；L 为荷载作用点到测试点的距离；E 为弹性模量；b 为梁的宽度；h 为梁的厚度。

在梁的上、下表面分别粘贴上应变片 R_1、R_2，如图 5-11 所示，当对梁施加荷载 F 时，梁产生弯曲变形，在梁内引起应力。

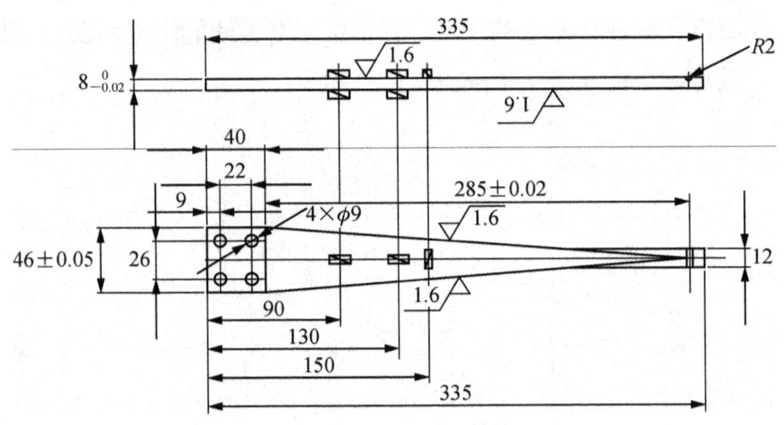

图 5-11 等强度梁外形图及布片图

5.7.4 实验步骤

（1）设计好本实验所需的各类数据表格。

（2）测量强度梁的有关尺寸，确定试件有关参数，见表5-3。

表5-3 试件相关数据

项目	参数	项目	参数
梁的高度	h=8mm	弹性模量	E=210GPa
梁的宽度	b=46mm	泊松比	μ=0.28
荷载作用点到测试点距离	L=285mm		

（3）拟定加载方案。选取适当的初荷载 F_0，估算最大荷载 F_{max}（该实验荷载范围≤50N），一般分4～6级加载。

（4）实验采用多点测量中半桥单臂公共补偿接线法。将悬臂梁上两点应变片按序号接到电阻应变仪测试通道上，温度补偿片接电阻应变仪公共补偿端。

（5）按实验要求接好线，调整好仪器，检查整个系统是否处于正常工作状态。

（6）实验加载。用均匀慢速加载至初荷载 F_0，记下各点应变片初读数，然后逐级加载，每增加一级荷载，依次记录各点电阻应变仪的ε_i，直到最终荷载。实验至少重复3次。

（7）做完实验后，卸掉荷载，关闭电源，整理好所用仪器设备，清理实验现场，将所用仪器设备复原，实验资料交指导教师检查签字。

5.7.5 实验结果的处理

（1）理论计算：

$$\sigma_{理}=\frac{M}{W}=\frac{6FL}{hb^2} \tag{5-12}$$

（2）实验值计算：

$$\sigma=E\cdot\varepsilon_{均} \tag{5-13}$$

5.8 位移互等定理验证

5.8.1 实验目的

验证位移互等定理。

5.8.2 实验设备

（1）材料力学多功能实验台中等强度梁实验装置及部件。

（2）游标卡尺、钢直尺、百分表及磁性表座。

5.8.3 实验原理

验证位移互等定理实验装置如图 5-12 所示，测点选在等强度梁的 1 截面和 2 截面处，首先在 2 截面处加荷载 F，在 1 截面处用百分表测量其挠度 f_{12}，然后在 1 截面处加荷载 F，在 2 截面处用百分表测量其挠度 f_{21}。

根据位移互等定理应满足：

$$f_{12}=f_{21} \tag{5-14}$$

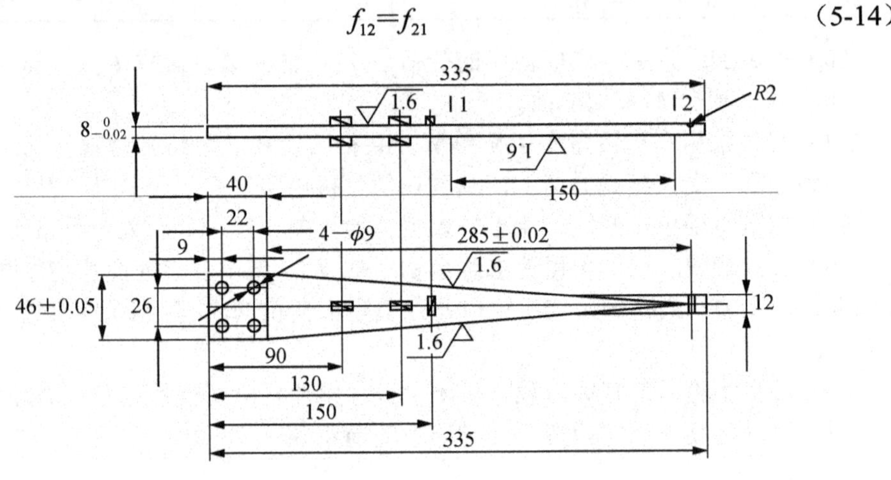

图 5-12　位移互等定理验证实验装置

5.8.4 实验结果的处理

实测值 f_{12}=（　　）mm，f_{21}=（　　）mm。

做该实验时，一是要注意安装好百分表磁性表座，二是要注意荷载的作用形式。

5.9 锚固力拉拔实验

在建筑工程中为了结构和施工环境的安全，需进行一系列实验。例如，深基坑、隧道周边所做的防护结构的锚杆拉拔力检测实验，混凝土框架结构填充墙后植筋拉拔力检测实验，等等。这些检测对结构安全非常重要，但又无法在实验室检测，只能用经过标定的拉拔仪去现场进行实测，或在实验室做模拟实验，以判定上述施工工艺是否满足设计要求。

5.9.1 实验目的

测定锚固件的极限拉拔力。

5.9.2 实验设备

拉拔仪，相应配套的锚具。

5.9.3 实验原理和方法

钢筋植筋锚固力实验，一般植筋 72h 后可采用拉拔仪（千斤顶）对所植钢筋进行拉拔实验，所用仪器如图 5-13 和图 5-14 所示，方法如下。

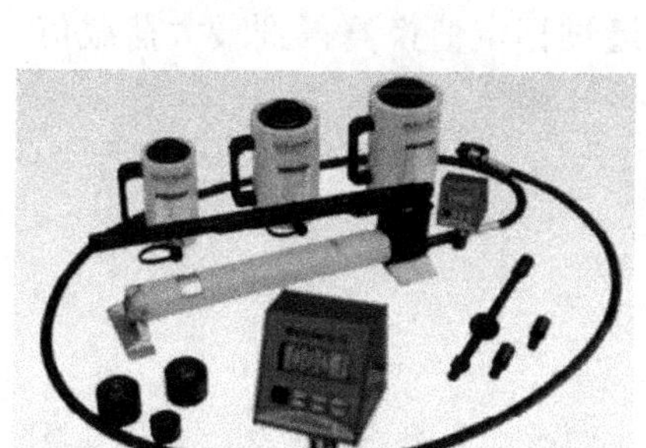

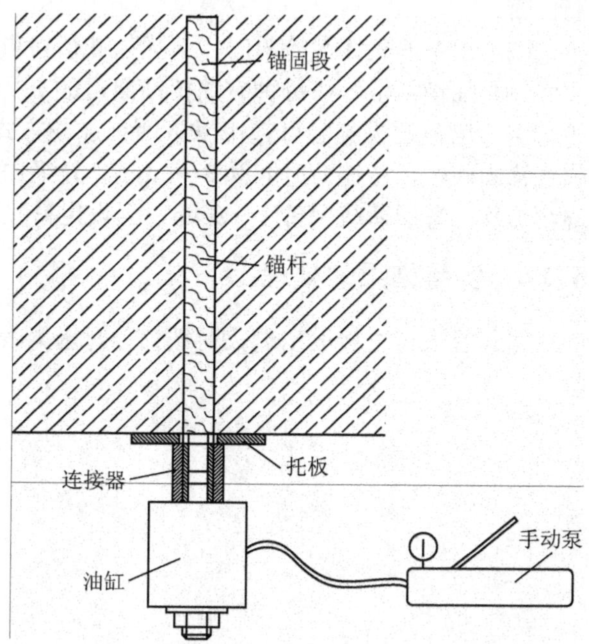

图 5-13 实验仪器及示意图

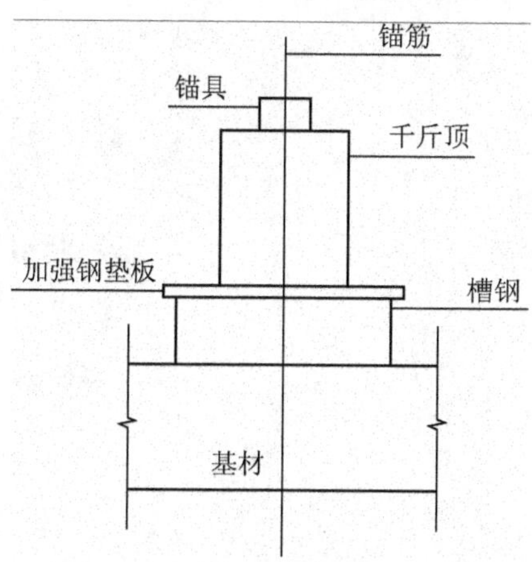

图 5-14 植筋拉拔实验装置示意图

（1）将拉拔仪的空心圆柱体加力油缸套在钢筋上，为减少千斤顶对锚筋附近混凝土的约束，下用槽钢或支架架空，受拉锚杆到槽钢或支架支点距离≥max（3d，60mm），安装并拧紧配套的夹具。然后匀速加油使油缸活塞产生行程以对钢筋施加拉力，加载 2～3min（或采用分级加载），直至破坏。破坏型式分为钢筋破坏（钢筋拉断）、胶筋截面破坏（钢筋沿结构胶、钢筋界面拔出）、混合破坏（上部混凝土锥体破坏，下部沿结构胶、混凝土界面拔出）3 种，结构构件植筋破坏型式宜控制为钢筋拉断。

（2）当做非破坏性检验时，最大加载值可取为 $0.95A_sf_{yk}$（钢筋的屈服强度）。

（3）抽检数量可按每种钢筋植筋数量的 0.1%确定，但不应少于 3 根。

（4）锚栓拉拔实验可选用以下两种加载方式：连续加载，以匀速加载至设定荷载或锚固破坏，总加荷时间为 2～3min。分级加载，以预计极限荷载的 10%为一级，逐渐加载，每级荷载保持 1～2min，至设定荷载或锚固破坏。

5.9.4 实验结果的处理

对数显表可直接读出最大荷载值，对压力表可通过标定值换算得到最大荷载值。

附录　钢材力学及工艺性能实验取样规定

本标准适用于轧制、锻制、冷拉和挤压钢材的拉力、冲击、弯曲、硬度和顶锻等实验的取样，也可供其他力学及工艺性能实验取样时参考。

若产品标准或双方协议对取样另有规定的，按规定执行。

1. 样坯的切取

（1）样坯应在外观及尺寸合格的钢材上切取。

（2）切取样坯时，应防止因受热、加工硬化及变形而影响其力学及工艺性能。

① 用烧割法切取样坯时，从样坯切割线至试样边缘必须留有足够的加工余量，一般应不小于钢材的厚度或直径，且最小不得少于20mm，对厚度或直径大于60mm的钢材，其加工余量可根据双方协议适当减小。

② 冷剪样坯所留的加工余量可按附表1选取。

附表1　冷剪样坯所留的加工余量

厚度或直径/mm	加工余量/mm
≤4	4
＞4～10	厚度或直径
＞10～20	10
＞20～35	15
＞35	20

2. 样坯切取位置及方向

（1）对截面尺寸（附图1中的 D 和 a）小于或等于60mm的圆钢、方钢和六角钢，应在中心切取拉力及冲击样坯；截面尺寸大于60mm时，则在直径或对角线距外端1/4处切取，如附图1所示。

（2）样坯不需热处理时，截面尺寸小于或等于40m的圆钢、方钢和六角钢，应使用全截面进行拉力实验。当实验机条件不能满足要求时，应加工成国家标准GB 228.1—2010《金属材料　拉伸实验　第1部分：室温实验方法》中相应的圆形比例试样。

（3）样坯需要热处理时，应按有关产品标准规定的尺寸，从圆钢、方钢和六角钢上切取。

（4）应从圆钢和方钢端部沿轧制方向切取弯曲样坯，截面尺寸小于或等于35mm时，应以钢材全截面进行实验；截面尺寸大于35mm时，圆钢应加工成直径25mm的圆形试样，并应保留宽度不大于5mm的表面层。方钢应加工成厚度为20mm并保留一个表面层的矩形试样，如附图 2 所示。

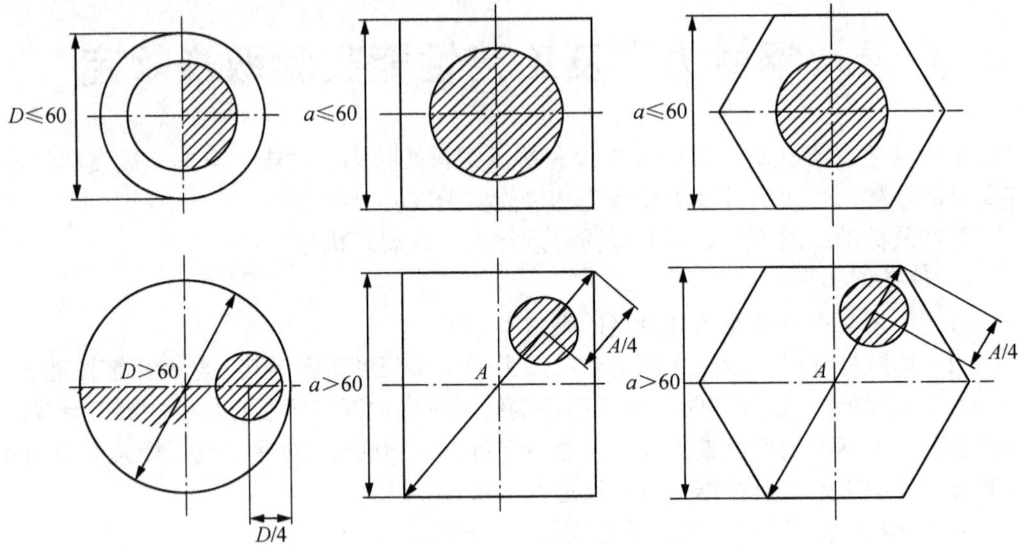

附图 1　大截面条钢切取样坯位置

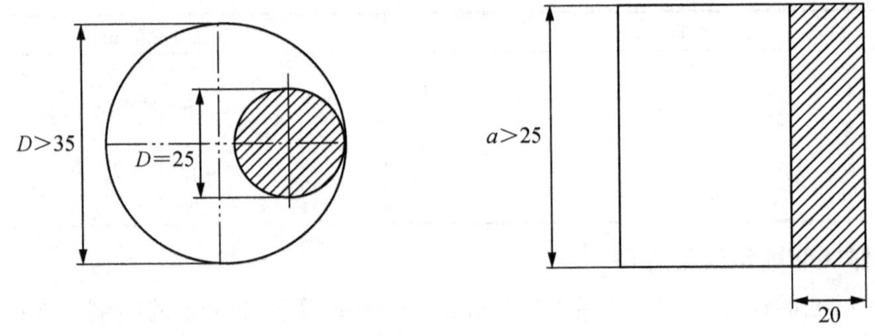

附图 2　小截面条钢切取样坯位置

（5）应从工字钢和槽钢腰高 1/4 处沿轧制方向切取矩形拉力、弯曲和冲击样坯。拉力、弯曲试样的厚度应是钢材厚度，如附图 3 所示。

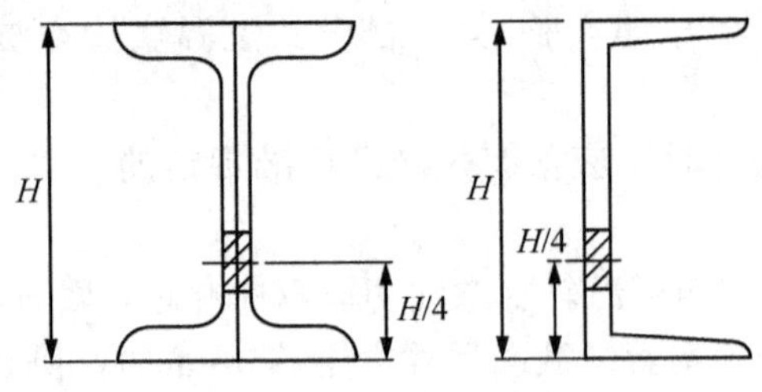

附图 3　工字钢和槽钢切取样坯位置

（6）应从角钢和乙字钢腿长以及 T 形钢和球扁钢腰高 1/3 处切取矩形拉力、弯曲和冲击样坯，如附图 4 所示。

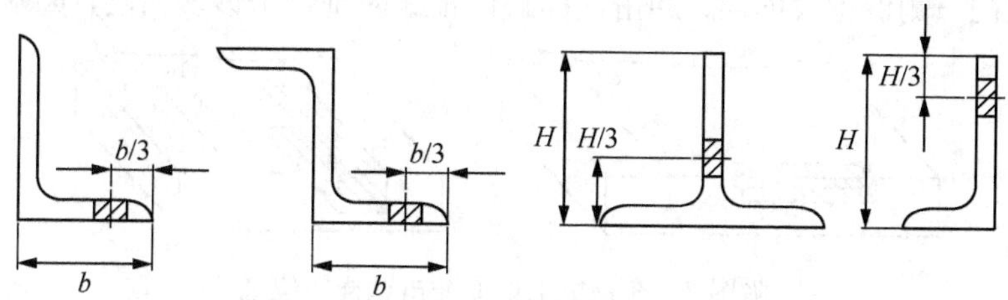

附图 4　在型钢腿部宽度方向切取样坯的位置

（7）应从扁钢端部沿轧制方向在距边缘为宽度 1/3 处切取拉力、弯曲和冲击样坯，如附图 5 所示。

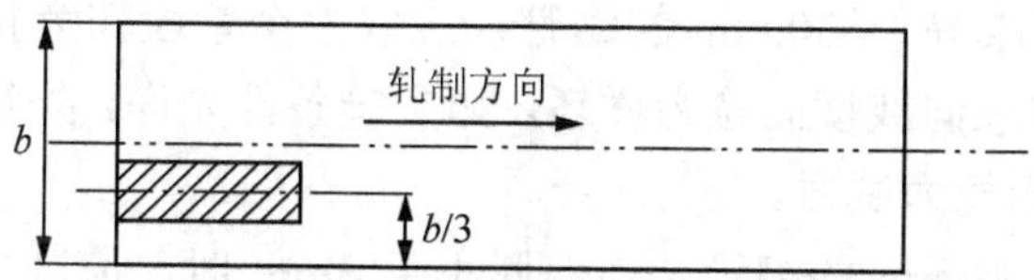

附图 5　在扁钢端部切取样坯的位置

（8）型钢尺寸如不能满足上述要求，可使样坯中心线向中部移动或以其全截面进行实验。

（9）应在钢板端部垂直于轧制方向切取拉力、冲击及弯曲样坯。对纵轧钢板，应在距边缘为板宽 1/4 处切取样坯，如附图 6 所示。对横轧钢板，则可在宽度的任意位置切取样坯。

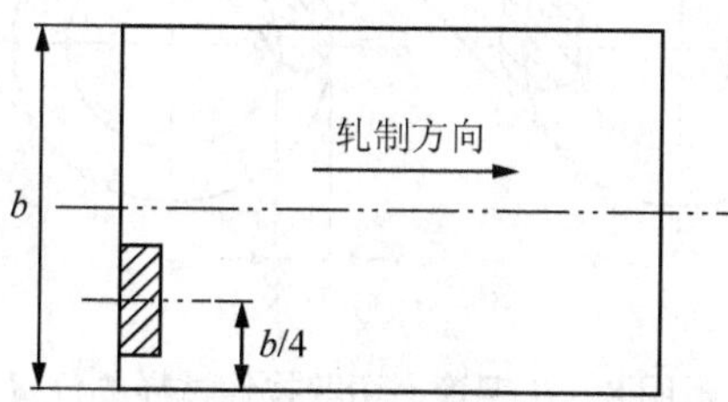

附图 6　在钢板端部切取样坯的位置

（10）从厚度小于或等于 25mm 的钢板及扁钢上切取下的样坯应加工成保留原表面层的矩形拉力试样。当实验机条件不能满足要求时，应加工成保留一个表面层的矩形试样。厚度大于 25mm 时，应根据钢材厚度，加工成国家标准 GB 228.1—2010 中相应的圆形比例试样，试样中心线应尽可能接近钢材表面，即在头部保留不太显著的氧化皮。

（11）在钢板、扁钢工字钢、槽钢、角钢、乙字钢、T 形钢和球扁钢上切取冲击样坯时，应在一侧保留表面层，冲击试样缺口轴线应垂直于该表面层，如附图 7 所示。

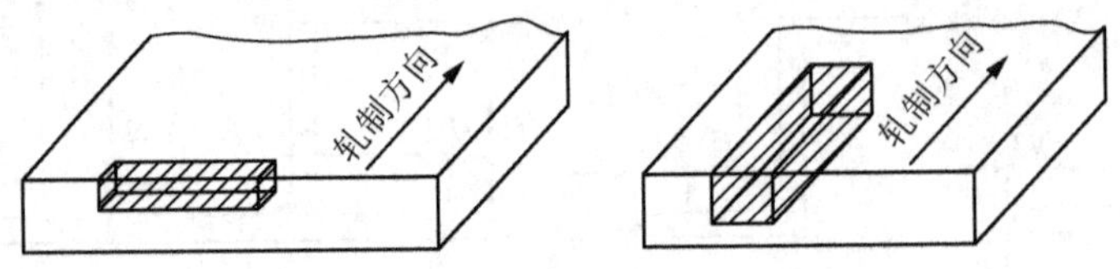

附图 7　在钢板上切取冲击试样的位置

（12）测定应变时效冲击韧性时，切取样坯的位置应与一般冲击样坯位置相同。

（13）钢板及扁钢厚度小于或等于 30mm 时，弯曲样坯厚度应为钢材厚度；大于 30mm 时，样坯应加工成厚度为 20mm 的试样，并保留一个表面层。

（14）外径小于或等于 30mm 的钢管，应取整个管段作为拉力试样；外径大于 30mm 时，应剖管取纵向或横向拉力样坯。如实验条件允许，外径大于 30mm 的钢管也可取整个管段作为拉力试样。

（15）外径大于 30mm 的钢管，当壁厚小于 8mm 时，应制成条状拉力试样；壁厚等于或大于 8mm 时，应根据壁厚，加工成国家标准 GB 228.1—2010 中相应的圆形比例试样，试样中心线应接近钢管内壁，样坯部位如附图 8 所示。

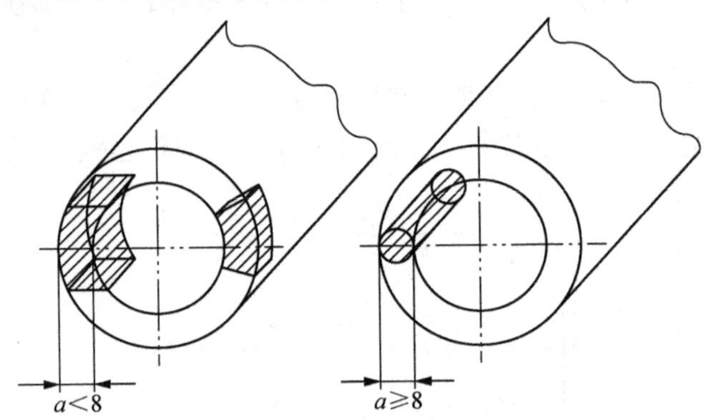

附图 8　在钢管上切取拉伸试样的位置

（16）钢管冲击样坯应靠近内壁切取，试样缺口轴线应垂直于内壁，取样的方向应符合有关产品标准的规定。

（17）钢管的弯曲、扩口、缩口和卷边试样可在任意部位切取。

（18）钢带样坯应从每盘的两端切取。

（19）盘条、钢丝样坯应从每盘的两端切取。

（20）硬度样坯应在与拉力样坯相同的位置切取。交货状态钢材的硬度一般在表面上测定。

（21）对于各种尺寸钢的冷、热顶锻实验，应采用未经加工的试样。对直径或边长大于 30mm 的冷顶锻样坯，应按产品标准切取。

参 考 文 献

杨耀锋，王建华，王永生，等．1996．材料力学实验．西安：陕西科技出版社．

童云先，候得门，赵挺．1992．材料力学实验．西安：陕西科技出版社．